中国中药资源大典
——中药材系列

中药材生产加工适宜技术丛书
中药材产业扶贫计划

蒲公英生产加工适宜技术

总 主 编　黄璐琦

主　　编　乔永刚　刘根喜

副 主 编　宋 芸　张耀宇　滕训辉

中国医药科技出版社

内 容 提 要

　　《中药材生产加工适宜技术丛书》以全国第四次中药资源普查工作为抓手，系统整理我国中药材栽培加工的传统及特色技术，旨在科学指导、普及中药材种植及产地加工，规范中药材种植产业。本书为蒲公英生产加工适宜技术，包括：概述、蒲公英药用资源概况、蒲公英栽培技术、蒲公英特色适宜技术、蒲公英药材质量评价、蒲公英现代研究与应用等内容。本书适合中药种植户及中药材生产加工企业参考使用。

图书在版编目（CIP）数据

　　蒲公英生产加工适宜技术 / 乔永刚，刘根喜主编 . —北京：中国医药科技出版社，2018.3

　　（中国中药资源大典 . 中药材系列 . 中药材生产加工适宜技术丛书）

　　ISBN 978-7-5214-0005-2

　　Ⅰ . ①蒲…　Ⅱ . ①乔…　②刘…　Ⅲ . ①蒲公英—栽培技术 ②蒲公英—中草药加工　Ⅳ . ① S567.23

　　中国版本图书馆 CIP 数据核字（2018）第 046670 号

美术编辑　陈君杞

版式设计　锋尚设计

出版　中国医药科技出版社

地址　北京市海淀区文慧园北路甲 22 号

邮编　100082

电话　发行：010-62227427　邮购：010-62236938

网址　www.cmstp.com

规格　710 × 1000mm　$^1/_{16}$

印张　9 $^3/_4$

字数　85 千字

版次　2018 年 3 月第 1 版

印次　2018 年 3 月第 1 次印刷

印刷　北京盛通印刷股份有限公司

经销　全国各地新华书店

书号　ISBN 978-7-5214-0005-2

定价　28.00 元

中药材生产加工适宜技术丛书
—— 编委会 ——

序

我国是最早开始药用植物人工栽培的国家，中药材使用栽培历史悠久。目前，中药材生产技术较为成熟的品种有200余种。我国劳动人民在长期实践中积累了丰富的中药种植管理经验，形成了一系列实用、有特色的栽培加工方法。这些源于民间、简单实用的中药材生产加工适宜技术，被药农广泛接受。这些技术多为实践中的有效经验，经过长期实践，兼具经济性和可操作性，也带有鲜明的地方特色，是中药资源发展的宝贵财富和有力支撑。

基层中药材生产加工适宜技术也存在技术水平、操作规范、生产效果参差不齐问题，研究基础也较薄弱；受限于信息渠道相对闭塞，技术交流和推广不广泛，效率和效益也不很高。这些问题导致许多中药材生产加工技术只在较小范围内使用，不利于价值发挥，也不利于技术提升。因此，中药材生产加工适宜技术的收集、汇总工作显得更加重要，并且需要搭建沟通、传播平台，引入科研力量，结合现代科学技术手段，开展适宜技术研究论证与开发升级，在此基础上进行推广，使其优势技术得到充分的发挥与应用。

《中药材生产加工适宜技术》系列丛书正是在这样的背景下组织编撰的。该书以我院中药资源中心专家为主体，他们以中药资源动态监测信息和技术服

务体系的工作为基础，编写整理了百余种常用大宗中药材的生产加工适宜技术。全书从中药材的种植、采收、加工等方面进行介绍，指导中药材生产，旨在促进中药资源的可持续发展，提高中药资源利用效率，保护生物多样性和生态环境，推进生态文明建设。

丛书的出版有利于促进中药种植技术的提升，对改善中药材的生产方式，促进中药资源产业发展，促进中药材规范化种植，提升中药材质量具有指导意义。本书适合中药栽培专业学生及基层药农阅读，也希望编写组广泛听取吸纳药农宝贵经验，不断丰富技术内容。

书将付梓，先睹为悦，谨以上言，以斯充序。

中国中医科学院 院长

中 国 工 程 院 院士 张伯礼

丁酉秋于东直门

总 前 言

中药材是中医药事业传承和发展的物质基础，是关系国计民生的战略性资源。中药材保护和发展得到了党中央、国务院的高度重视，一系列促进中药材发展的法律规划的颁布，如《中华人民共和国中医药法》的颁布，为野生资源保护和中药材规范化种植养殖提供了法律依据；《中医药发展战略规划纲要（2016—2030年）》提出推进"中药材规范化种植养殖"战略布局；《中药材保护和发展规划（2015—2020年）》对我国中药材资源保护和中药材产业发展进行了全面部署。

中药材生产和加工是中药产业发展的"第一关"，对保证中药供给和质量安全起着最为关键的作用。影响中药材质量的问题也最为复杂，存在种源、环境因子、种植技术、加工工艺等多个环节影响，是我国中医药管理的重点和难点。多数中药材规模化种植历史不超过30年，所积累的生产经验和研究资料严重不足。中药材科学种植还需要大量的研究和长期的实践。

中药材质量上存在特殊性，不能单纯考虑产量问题，不能简单复制农业经验。中药材生产必须强调道地药材，需要优良的品种遗传，特定的生态环境条件和适宜的栽培加工技术。为了推动中药材生产现代化，我与我的团队承担了

农业部现代农业产业技术体系"中药材产业技术体系"建设任务。结合国家中医药管理局建立的全国中药资源动态监测体系，致力于收集、整理中药材生产加工适宜技术。这些适宜技术限于信息沟通渠道闭塞，并未能得到很好的推广和应用。

本丛书在第四次全国中药资源普查试点工作的基础下，历时三年，从药用资源分布、栽培技术、特色适宜技术、药材质量、现代应用与研究五个方面系统收集、整理了近百个品种全国范围内二十年来的生产加工适宜技术。这些适宜技术多源于基层，简单实用、被老百姓广泛接受，且经过长期实践、能够充分利用土地或其他资源。一些适宜技术尤其适用于经济欠发达的偏远地区和生态脆弱区的中药材栽培，这些地方农民收入来源较少，适宜技术推广有助于该地区实现精准扶贫。一些适宜技术提供了中药材生产的机械化解决方案，或者解决珍稀濒危资源繁育问题，为中药资源绿色可持续发展提供技术支持。

本套丛书以品种分册，参与编写的作者均为第四次全国中药资源普查中各省中药原料质量监测和技术服务中心的主任或一线专家、具有丰富种植经验的中药农业专家。在编写过程中，专家们查阅大量文献资料结合普查及自身经验，几经会议讨论，数易其稿。书稿完成后，我们又组织药用植物专家、农学家对书中所涉及植物分类检索表、农业病虫害及用药等内容进行审核确定，最终形成《中药材生产加工适宜技术》系列丛书。

在此，感谢各承担单位和审稿专家严谨、认真的工作，使得本套丛书最终付梓。希望本套丛书的出版，能对正在进行中药农业生产的地区及从业人员，有一些切实的参考价值；对规范和建立统一的中药材种植、采收、加工及检验的质量标准有一点实际的推动。

2017年11月24日

3

前　言

蒲公英始载于《唐本草》，记为"蒲公草，叶似苦苣，花黄，断有白汁，人皆啖之"。李时珍据《本草图经》在《本草纲目》中定名为"蒲公英"，沿用至今。蒲公英为药食兼用植物，该属植物种类较多，为菊科中一个大属。蒲公英属植物分布广泛，在我国，除华中与华东略少外，其余地区均较常见。

蒲公英性味苦、甘、寒。归肝、胃经。具有清热解毒，消肿散结，利尿通淋的功能。现代药理学研究发现，蒲公英在抗炎、抗氧化、抗病毒等方面有较好功效。蒲公英还是一种营养价值很高的蔬菜，也是开发绿色天然植物营养保健品的宝贵资源，具有广泛的应用价值。目前，以蒲公英及蒲公英提取物为主要成分的药品有25种，含蒲公英成分的化妆品有15种，含蒲公英的食品有5种。

随着蒲公英的经济价值被逐步开发与利用，市场的需求量增大，野生蒲公英资源不能满足市场需求，蒲公英人工栽培应运而生。本书详细阐述了蒲公英的种质资源及其分布，总结了蒲公英的生长发育规律、产量与品质形成规律及其与环境条件的关系。重点对蒲公英人工栽培技术进行了整理，包括繁殖方式、选地与整地、田间管理、病虫害防治、采收与加工、包装、贮藏与运输等

全部生产环节。本书最大的特点是整理了蒲公英不同产区的特色适宜技术，书中列举了蒲公英保护地栽培技术、夏季育苗移栽技术、林下栽培技术、长白山区参后栽培技术和蒲公英黄化绿化交替栽培技术。不同产地的特色适宜技术，为指导不同区域和不同生产目的蒲公英生产提供了依据。本书还整理了蒲公英的本草考证与道地沿革的相关资料，汇总了蒲公英性状鉴别方法与质量评价方法，综述了蒲公英现代研究与应用。

《蒲公英生产加工适宜技术》是《中药材生产加工适宜技术丛书》的之一，旨在对蒲公英种植规范及采收加工技术进行总结整理。书中就蒲公英的药用资源概况、栽培技术与特色适宜技术、蒲公英药材质量评价以及蒲公英现代研究与应用进行介绍。本书可作为科普培训资料，也可为同行提供参考。

为了提高本书编写质量，山西农业大学、山西中医药大学、山西省药物培植场、山西国新晋药集团晋中中药材种子开发有限公司、山西天然药用生物研究院、中药资源动态监测信息和技术服务中心浑源站等专家、学者给予了全力支持和帮助，并提供部分技术资料和图片。在编写过程中，还引用了相关专家学者发表的论著，在此一并致谢。同时，我们向参加本书编审的专家和同志们致以衷心感谢！

由于编者水平有限，尽管我们已经做了最大的努力，但错误在所难免，还会存在不足和疏漏之处，敬请广大读者指正。

特别提示：本书中所列中医方剂的功能主治及用法用量，仅供参考，实际服用请遵医嘱。

编者

2017年10月

目　录

第1章　概述...1

第2章　蒲公英药用资源概况...5
　第一节　蒲公英的植物学特征与分类检索...6
　　一、蒲公英的植物学形态特征...6
　　二、蒲公英属植物学分类检索表...9
　第二节　蒲公英的生物学特性...25
　　一、生态习性...25
　　二、种子萌发特性...26
　　三、繁殖方法...27
　　四、养分需求...30
　　五、生长发育规律...30
　　六、生物量动态变化...31
　　七、蒲公英中有效成分动态积累规律...32
　第三节　蒲公英的地理分布...34
　　一、蒲公英的资源...34
　　二、蒲公英的分布...34
　　三、存疑种...48
　第四节　蒲公英的生态适宜分布区域与适宜种植区域.........................49

第3章　蒲公英栽培技术...51
　第一节　蒲公英种子种苗繁育...52
　　一、繁殖材料...52
　　二、繁殖方式...52
　第二节　蒲公英的栽培技术...53
　　一、选地整地和施肥...53
　　二、繁殖方法...53

　　　　三、田间管理 55

　　　　四、病虫害防治 57

　　第三节　采收与加工技术 61

　　　　一、采收 61

　　　　二、加工技术 64

　　第四节　包装、贮藏与运输 69

　　　　一、包装 69

　　　　二、贮藏 71

　　　　三、运输 72

第 4 章　蒲公英特色适宜技术 73

　　第一节　蒲公英温室大棚种植技术 74

　　　　一、大棚的选址与建造 74

　　　　二、施肥整地 74

　　　　三、选种、播种、移栽 75

　　　　四、田间管理 75

　　　　五、病虫害防治 76

　　　　六、采收 76

　　第二节　夏季播种育苗移栽技术 77

　　　　一、整地 77

　　　　二、育苗 77

　　　　三、分苗 78

　　　　四、夏季播种 78

　　　　五、生产管理 79

　　　　六、合理采收 79

　　第三节　蒲公英的林下间种栽培技术 80

　　　　一、林地选择 80

　　　　二、整地播种 81

　　　　三、苗期管理 82

　　　　四、采收 82

　　第四节　长白山区参后地蒲公英栽培技术 83

一、整地 83

二、播种和定植 84

三、田间管理 84

四、采收 85

第五节 蒲公英黄化绿化交替栽培技术 86

一、选地与整地 86

二、播种 86

三、定植 86

四、田间管理 87

五、黄化绿化交替栽培 87

六、收获 88

第5章 蒲公英药材质量评价 91

第一节 本草考证与道地沿革 92

一、本草考证 92

二、道地沿革 95

第二节 蒲公英的药用性状与鉴别 96

一、药材 96

二、饮片 99

第三节 蒲公英的质量评价 100

一、蒲公英中咖啡酸、绿原酸、阿魏酸含量测定方法的建立 100

二、蒲公英中总黄酮含量测定方法的建立 102

三、蒲公英品质研究 103

四、蒲公英药材CZE-DAD指纹图谱研究 104

第6章 蒲公英现代研究与应用 107

第一节 蒲公英的化学成分 108

第二节 蒲公英的药理作用 113

第三节 蒲公英的应用 119

一、附方 119

二、民族用药 123

三、在临床方面的应用 124

四、在保健方面的应用 127

五、在化妆品方面的应用 131

六、在畜牧业上的应用 131

七、其他应用 134

参考文献 137

第1章

概　述

蒲公英来源于菊科植物蒲公英（*Taraxacum mongolicum* Hand. Mazz.）、碱地蒲公英（*T. borealisinense* Kitag.）或同属数种植物的干燥全草，味甘苦，性寒，别名蒲公草、地丁、婆婆丁、黄花地丁、蒲公丁、奶汁草等。为常用清热解毒中药。

蒲公英始载于《唐本草》，记为"蒲公草，叶似苦苣，花黄，断有白汁，人皆啖之"。该书由李勣于唐高宗初（约公元651年）修订。后于显庆中（约公元658年）由苏恭等再加修订在《新修本草中重载》。至明朝李时珍据《本草图经》在《本草纲目》中定名为"蒲公英"，沿用至今。关于"蒲公英"之名李时珍曰："名义未详"。而按《土宿本草》云："金簪草一名地丁，花如金簪头，独脚如丁，故以名之"。

蒲公英属（T. F. H. Wigg）是菊科中的一个大属，也是舌状花亚科最进化的类群之一。全世界有2000多种（此为小种观点，大种观点为300多种）。在北半球温带至亚热带中部地区均有分布，也分布于热带南美洲地区。我国目前已经发现分布有70种以上，而且近年还不断有新的植物出现。除东南及华南省区外，分布几乎遍及全国，西北、华北、东北及西南省区最多，华中及华东略少。

蒲公英已有悠久的药用和食用历史，被誉为"天然抗生素"，是一种集药用价值和营养价值于一身的宝贵资源。蒲公英植物体中含有蒲公英醇、蒲公英素、胆碱、有机酸、菊糖等多种健康营养成分，有利尿、缓泻、退黄疸、利胆等功效。蒲公英同时含有蛋白质、脂肪、碳水化合物、微量元素及维生素等，有丰富的营养价值，可生吃、炒食、做汤，是药食兼用的植物。

随着蒲公英的经济价值不断被发现，其由过去的野菜变成美味佳肴，药用保健功能也极具开发前景，使其市场的需求量增大，身价倍增。野生蒲公英分布面积虽广，但零星、分散、难采集，单纯依靠野生蒲公英已不能满足市场需求。蒲公英的规模化种植也应运而生，今后应加强蒲公英基地建设，规范化栽培管理方面的研究，同时加强对蒲公英采后贮运、保鲜的研究，提高品质，使蒲公英产业更加规模化、商品化。

第2章

蒲公英药用资源概况

第一节　蒲公英的植物学特征与分类检索

一、蒲公英的植物学形态特征

1. 蒲公英属

蒲公英为菊科菊苣族蒲公英属植物，植物学特性如下。

蒲公英为多年生葶状草本，具白色乳状汁液。茎花葶状。花葶1至数个，直立、中空，无叶状苞片叶，上部被蛛丝状柔毛或无毛。叶基生，密集成莲座状，具柄或无柄，叶片匙形、倒披针形或披针形，羽状深裂、浅裂，裂片多为倒向或平展，或具波状齿，稀全缘。头状花序单生花葶顶端；总苞钟状或狭钟状，总苞片数层，有时先端背部增厚或有小角，外层总苞片短于内层总苞片，通常稍宽，常有浅色边缘，线状披针形至卵圆形，伏贴或反卷，内层总苞片较长，多少呈线形，直立；花序托多少平坦，有小窝孔，无托片，稀少有托片；全为舌状花，两性，结实，头状花序通常有花数十朵，有时100余朵，舌片通常黄色，稀白色、红色或紫红色，先端截平，具5齿，边缘花舌片背面常具暗色条纹；雄蕊5，花药聚合，呈筒状，包于花柱周围，基部具尾，戟形，先端有三角形的附属物，花丝离生，着生于花冠筒上；花柱细长，伸出聚药雄蕊外，柱头2裂，裂瓣线形。瘦果纺锤形或倒锥形，有纵沟，果体上部或几全部有刺状或瘤状突起，稀光滑，上端突然缢缩或逐渐收缩为圆柱形或圆锥形的喙基，喙细长，少粗短，稀无喙；冠毛多层，白色或有淡的颜色，毛状，易脱落。

本属模式种：药用蒲公英 *T. officinale* F. H. Wigg.

全属约2000余种，主产北半球温带至亚热带地区，少数产热带南美洲。我国有70种、1变种，广布于东北、华北、西北、华中、华东及西南各省区，西南和西北地区最多。

本属中一些种类的根含蒲公英醇、蒲公英甾醇、蒲公英赛醇、豆甾醇、谷甾醇、胆碱、有机酸、菊糖、橡胶等。有清热、解毒、利尿、散结的功能；可用于治疗急性乳腺炎、淋巴腺炎、疔毒疮肿、急性结膜炎、感冒发热、急性扁桃体炎、急性支气管炎、肝炎、肿囊炎及尿路感染等。

2. 药用蒲公英

多年生草本。根颈部密被黑褐色残存叶基。叶狭倒卵形、长椭圆形，稀少倒披针形，长4～20cm，宽10～65mm，大头羽状深裂或羽状浅裂，稀不裂而具波状齿，顶端裂片三角形或长三角形，全缘或具齿，先端急尖或圆钝，每侧裂片4～7片，裂片三角形至三角状线形，全缘或具牙齿，裂片先端急尖或渐尖，裂片间常有小齿或小裂片，叶基有时显红紫色，无毛或沿主脉被稀疏的蛛丝状短柔毛。花葶多数，高5～40cm，长于叶，顶端被丰富的蛛丝状毛，基部

常显红紫色；头状花序直径25～40mm；总苞宽钟状，长13～25mm，总苞片绿色，先端渐尖、无角，有时略呈胼胝状增厚；外层总苞片宽披针形至披针形，长4～10mm，宽1.5～3.5mm，反卷，无或有极窄的膜质边缘，等宽或稍宽于内层总苞片；内层总苞片长为外层总苞片的1.5倍；舌状花亮黄色，花冠喉部及舌片下部的背面密生短柔毛，舌片长7～8mm，宽1～1.5mm，基部筒长3～4mm，边缘花舌片背面有紫色条纹，柱头暗黄色。瘦果浅黄褐色，长3～4mm，中部以上有大量小尖刺，其余部分具小瘤状突起，顶端突然缢缩为长0.4～0.6mm的喙基，喙纤细，长7～12mm；冠毛白色，长6～8mm。花果期为6～8月。

生长于海拔700～2200m间的低山草原、森林草甸或田间与路边。产于新疆各地，哈萨克斯坦、吉尔吉斯斯坦以及欧洲、北美洲等地也有分布。

3. 蒲公英的显微结构特征

蒲公英的叶片组织结构可分为表皮、叶肉和叶脉三类组织。表皮细胞近于长方形或矩形，排列成一层，彼此紧密连接。叶肉主要由薄壁细胞排列而成，分为栅栏组织和海绵组织。在叶片的横切面上，栅栏组织与上表皮相接，其细胞长轴与上表皮垂直，形状为棒状，且排列紧密，呈栅栏状。海绵组织位于栅栏组织和下表皮之间，其细胞的形状和大小常不规则。另外，栅栏组织的细胞间隙较小，细胞排列较有规则；而海绵组织的细胞间隙很大，细胞极其分散，且不规则。

蒲公英叶上表皮细胞排列紧密，垂周壁呈波状弯曲，表面角质纹理明显或可见；叶肉细胞含细小草酸钙结晶；木栓细胞呈长方形，排列整齐；花粉粒类球形（疣刺状突起不甚明显）。

其上下表皮细胞呈多角形，有明显角质纹，垂周壁呈波状弯曲；脉岛数16.5–19.8–23.3（最小值–均值–最大值，下同），栅表细胞比5.1–7.8–9.4。气孔直径21～25μm，副卫细胞3～6个，多为不规则形或不等式形，上表皮气孔指数11.3–14.7–16.8，下表皮气孔指数15.6–17.7–19.1。叶两面中脉处多见单列多细胞（5～9个），非腺毛，基部细胞1个，长120～180μm，直径17～34μm；中部通常弯曲，皱缩；顶端细胞呈长椭圆形。细胞间隙处具棕色物质和乳管。

蒲公英木栓细胞数列，呈棕色。韧皮部宽广，乳管群断续排列成数轮。形成层成环。木质部较小，射线不明显；导管较大，散列。薄壁细胞含菊糖。非腺毛扁平形，皱褶；有较密的网状角质纹理，气孔边缘拱起漏斗状，具长窄孔。

二、蒲公英属植物学分类检索表

蒲公英属分组及分种的主要依据为以下几项。

1. 外层总苞片的形状、大小，边缘是否膜质及膜质边缘宽或狭；总苞片在花期时直立或伏贴；总苞片先端的背部是否肥厚或有小角等。

2. 瘦果的果体形状、大小、颜色及其纹饰的特征，包括纹饰形状、多少，在果壁上分布；喙基形状、大小及其果体向喙基过渡时是突然缢缩或逐渐收缩；喙的粗细、长短；冠毛的颜色。

3. 舌状花的舌片大小，舌片背面是否有条纹及条纹的颜色；舌片、花柱、柱头在开花时及开花后的颜色变化等。

（一）分组一览表

组1　短喙蒲公英组 *Sect. Oligantha* V. Soest，本组我国有4种。

组2　白花蒲公英组 *Sect. Leucantha* V. Soest，本组我国有3种。

组3　亚洲蒲公英组 *Sect. Sinensia* V. Soest，本组我国有6种。

组4　多裂蒲公英组 *Sect. Dissecta* V. Soest，本组我国有2种。

组5　小花蒲公英组 *Sect. Parvula* Hand. –Mazz.，本组我国有2种。

组6　克什米尔蒲公英组 *Sect. Kashmirana* V. Soest ex R. Doll，本组我国有1种。

组7　窄苞蒲公英组 *Sect. Piesis*（DC.）A. J. Richards ex Kirschner et Stepanek，本组我国有1种。

组8　光果蒲公英组 *Sect. Glabra* Dahlst.，本组我国有3种。

组9　蒲公英组 *Sect. Mongolica*（Dahlst.）R. Doll，本组我国有5种。

组10　大头蒲公英组 *Sect. Calanthodia*（Dahlst.）R. Doll，本组我国有7种。

组11　大角蒲公英组 *Sect. Macrocornuta* V. Soest，本组我国有8种。

组12　药用蒲公英组*Sect. Taraxacum*，本组我国有2种。

组13　西藏蒲公英组*Sect. Tibetana* V. Soest，本组我国有13种。

组14　垂头蒲公英组*Sect. Bienna* R. Doll，本组我国有1种。

组15　紫果蒲公英组*Sect. Erythrocarpa* Hand. –Mazz.，本组我国有3种。

组16　红果蒲公英组*Sect. Erythrosperma*（H. Lindb. f.）Dahlst.，本组我国有

1种。

（二）分组检索表

1　二年生植物，头状花序花 ····················· **14.垂头蒲公英组*Sect. Bienna* R. Doll**

1　多年生植物，头状花序花后仍直立。

　2　喙短于果体，粗壮 ····················· **1.短喙蒲公英组*Sect. Oligantha* V. Soest**

　2　喙长于或等长于果体，多纤细，少粗壮。

　　3　舌状花舌片白色或淡黄色，瘦果味略粗短，冠毛淡红色或污白色 ···········

　　 ····························· **2.白花蒲公英组*Sect. Leucantha* V. Soest**

　　3　舌状花舌片黄色，稀白色、红色或紫红色，脉纤细，冠毛白色、雪白色或污白色。

　　　4　冠毛雪白色，外层总苞片顶端有明显的小角 ·····························

　　　 ··························· **11.大角蒲公英组*Sect. Macrocornuta* V. Soest**

　　　4　冠毛白色或污白色，外层总苞片有小角或无。

　　　　5　瘦果果体完全光滑，或仅上部具极少量、极短的小刺；总苞片无角 ···

　　　　 ····························· **8.光果蒲公英组*Sect. Glabra* Dahlst.**

5　瘦果果体上部具较多的小刺，下部光滑或具瘤状突起；总苞片有小角或无。

6　外层总苞片披针状线形或近线形（宽1.0～1.5mm），明显窄于内层总苞片，常整

个显淡紫红色，总苞较小；冠毛污白色 ……………………………………………

…………………… **7.窄苞蒲公英组*Sect. Piesis*（ DC.）A. J. Rich. ex Kitsch. et Step.**

6　外层总苞片卵状披针形至卵团形，有时先端带紫红色。

7　外层总苞片很宽大（宽至少4mm）。头状花序较大 ……………………………

………………………… **10.大头蒲公英组*Sect. Calanthodia*（ Dahlst.）R. Doll.**

7　外层总苞片较狭窄，头状花序较小。

8　外层总苞片暗绿色，花柱、柱头干时黑色，花黄色 ……………………………

…………………………………… **13.西藏蒲公英组*Sect. Tibetana* V. Stet**

8　外层总苞片淡绿色或绿色，花柱、柱头干时黄色或黄绿色，花黄色、白

色、红色或紫红色。

9　瘦果浅红色或红褐色。

10　瘦果喙基圆柱状；外层总苞片具窄膜质边缘；舌状花舌片淡黄色；

植株较矮小，叶裂片狭窄，根颈部密被残存叶基 …………………

…… **15.红果蒲公英组*Sect. Erythrosperma*（ H. Lindb. f.）Dahlst.**

10　瘦果喙基口锥状；外层总苞片具宽膜质边缘；舌状花舌片深黄

色；植株较高大，叶裂片宽，根颈部无或有少量残存叶基 ………

………………… **16.紫果蒲公英组*Sect. Erythrocarpa* Hand . –Mazz.**

9　瘦果褐色、黄褐色或灰褐色。

 11　外层总苞片顶端有明显的小角 ···

      ·······················**9.蒲公英组***Sect. Mongofica*（Dahlst.）**R. Doll**

 11　外层总苞片顶端平坦、肥厚或具不明显的小角。

  12　外层总苞片花期反卷或开展，外层总苞片先端平坦 ·············

      ·······························**12.药用蒲公英组***Sect. Taraxacum*

  12　外层总苞片花期直立或伏贴。

   13　瘦果顶端缢缩为喙基 ···

     ·················**6.克什米尔蒲公英组***Sect. Kashimirana* **V. Soest ex R. Dull**

   13　瘦果顶端逐渐缩为喙基。

    14　总苞片先端平坦 ···············**4.多裂蒲公英组***Sect. Dissecta* **V. Soast**

    14　外层总苞片先端肥厚或有小角。

     15　外层总苞片具窄的白色膜质边缘 ·····························

      ························**3.亚洲蒲公英组***Sect. Sinensia* **V. Soast**

     15　外层总苞片具较宽的白色膜质边缘 ··························

      ·························· **5.小花蒲公英组***Sect. Parvula* **Hand. –Mazz.**

（三）分种检索表

1　舌状花舌片红色、紫红色或浅红色。

2　总苞片黑绿色，外层总苞片无膜质边缘，伏贴；瘦果喙长3～5mm ……………

……………………………………… **56.紫花蒲公英*T. lilacinum– Krassn.* ex Schischk.**

2　总苞片绿色，外层总苞片具窄膜质边缘，反卷；瘦果喙长6～8mm ……………

……………………………………… **69.绯红蒲公英*T. pseudoroseum* Schischk.**

1　舌状花舌片黄色、亮黄色或黄白色、白色。

3　外层总苞片先端背部具极长的小角，小角的长度远远超过总苞片基部的宽度。

4　瘦果淡黄褐色或淡砖红色，外层总苞片先端背部小角细长 ………………

……………………………………… **45.角苞蒲公英*T. stenoceras* Dahlst.**

4　瘦果暗褐色，外层总苞片先端背部小角略粗 ………………………………

……………………………………… **46.长角蒲公英*T. pseudostenoceras* V. Soast.**

3　外层总苞片先端背部无或具较短的小角，小角的长度不超过总苞片基部的宽度。

5　头状花序花后下垂；二年生植物 …… **58.垂头蒲公英*T. nutans* Dahlst.**

5　头状花序整个生长期都直立；多年生植物。

6　瘦果红褐色、红色、橘红色或深紫色。

7　外层总苞片开展至反卷。

8　瘦果先端突然收缩为较短的圆柱形喙基，喙基长0.5～0.7mm，喙长

5～8mm …………… **62.红果蒲公英*T. erythrospermum* Andrz.**

8　瘦果先端逐渐收缩为较长的圆锥形喙基，喙基长0.8～1mm，喙长

7～10mm ……………… **60.天山蒲公英*T. tianschanicum* Pavl.**

7　外层总苞片直立伏贴。

9　总苞片墨绿色，瘦果红棕色、橘红色或深紫色 ……………………………………

……………………………… **50.锡金蒲公英***T. sikkimense* **Hand . Mazz.**

9　总苞片绿色，皮果红色或红褐色。

10　冠毛长6～7mm，瘦果的喙基长0.5～0.8mm ……………………………

………………………………… **59.血果蒲公英***T. repandum* **Pavl.**

10　冠毛长5mm，瘦果的喙基长1mm ………………………………………

………………………………… **61.紫果蒲公英***T. sumneviczii* **Schischk.**

6　瘦果黄色、浅褐色、黑褐色或灰色。

11　外层总苞片很宽（宽至少3mm）。

12　外层总苞片开展至反卷 ……… **31.反苞蒲公英***T. grypodon* **Dahlst.**

12　外层总苞片直立、伏贴。

13　外层总苞片披针形。

14　总苞长约19mm ………… **30.多毛蒲公英***T. lanigerum* **V.Soest**

14　总苞长8～10mm …………… **33.山西蒲公英***T. licentii* **V. Soest**

13　外层总苞片宽卵形。

15　外层总苞片有宽膜质边缘 ……………………………………

………………………… **32.白缘蒲公英***T. platypecidum* **Diels**

15　外层总苞片具窄膜质边缘。

16　外层总苞片干后黑色或墨绿色，具明显白色或淡褐色膜质边缘。

17　瘦果倒披针形，先端逐渐收缩为较长的喙基，喙基长约1mm …………

……………………………………　**28.大头蒲公英*T. calanthodium* Dahlst.**

17　瘦果倒卵状楔形，先端突然收缩为较短小的喙基，喙基长不及0.8mm

…………………………………………………　**29.川甘蒲公英*T. lugubre* Dahlst.**

16　外层总苞片干后绿色，窄膜质边缘不明显 ………………………………

……………………………………………　**34.东北蒲公英*T. ohwianum* Kitam.**

11　外层总苞片较狭窄，宽不足3mm。

18　外层总苞片花期开展或反折。

19　总苞片或部分总苞片先端背部有明显的小角。

20　花葶几无毛；花冠无毛；瘦果果体倒锥形，灰褐色，下部有较小

的钝瘤 ……　**39.荒漠蒲公英*T. monochlamydeum* Hand. -Mazz.**

20　花葶上部有蛛丝状毛；花冠喉部与舌片下部的外面密生短柔毛；

瘦果果体圆柱形，黄褐色，下部有大量较粗大的钝瘤 …………

…………………………　**42.长锥蒲公英*T. langipyramidatnm* Schiachk.**

19　总苞片先端背部无角或仅稍增厚。

21　花葶上部密生蛛丝状毛。

22　花冠喉部与舌片下部的外面密生短柔毛；瘦果长3～4mm，喙长7～12mm，

冠毛长6～7mm ····················· **44.药用蒲公英*T. officinale* F. H. Wigg.**

22　花冠无毛；皮果长2.5～3mm，喙长6～7mm，冠毛长5～6mm ·············

················· **43.新源蒲公英*T. xinyuanicum* D. T. Zhai et Z. X. An**

21　花葶上部只有稀疏的蛛丝状毛或无毛。

23　外层总苞片先端背面具乳头状纤毛 ·······························

····························· **11.丹东蒲公英*T. antungense* Kitag.**

23　外层总苞片先端无乳头状纤毛。

24　内层总苞片长为外层总苞片的2～2.5倍；花冠喉部与舌片下部密生

短柔毛；瘦果下部钝瘤较粗大，冠毛长7mm ·····················

················· **42.长锥蒲公英*T. longipyramidatum* Schischk.**

24　内层总苞片长为外层总苞片的2.5～3倍；花冠无毛；瘦果下部钝瘤较

细小，冠毛长5～6mm。

25　瘦果倒锥形，喙长为瘦果的2倍 ·······························

····························· **40.多葶蒲公英*T. multiscaposum* Schischk.**

25　瘦果圆柱形，喙长为瘦果的3倍 ·······························

····························· **41.小果蒲公英*T. Lipskyi* Schischk.**

18　外层总苞片花期伏贴。

26　瘦果无喙或具粗壮的短喙。

27 总苞片或部分总苞片背部有小角或增厚；花葶上部具蛛丝状毛。

28 总苞片被蛛丝状毛。

29 叶被大量蛛丝状毛；外层总苞片淡绿色 ……………………………

…………………… **1.毛叶蒲公英** *T. minutilobum* Popov ex S. Koval.

29 叶无毛；总苞片暗绿色 ………………………………………………

………………………**3.葱岑蒲公英** *T. pseudominutilobum* S. Koval.

28 总苞片无毛或仅具缘毛，外层总苞片绿色 …………………………

…………………… **4.短喙蒲公英** *T. brevirostre* Hand. -Mazz.

27 总苞片先端背部无小角；花葶无毛 …………………………………

…………………… **2.小叶蒲公英** *T. goloskokovii* Schischk.

26 瘦果具喙，喙纤细，等长于或长于瘦果。

30 瘦果几乎光滑或仅上部有很少的小刺。

31 总苞片几乎黑色，外层总苞片无白色膜质边缘；柱头干时黑色 …

……………………………… **20.光果蒲公英** *T. glabrum* DC.

31 总苞片绿色或暗绿色，外层总苞片有窄的白色膜质边缘；柱头暗

黄绿色。

32 总苞片暗绿色；花冠喉部及舌片下部外面被短柔毛；叶不分裂而

全缘，稀具波状齿 …………**21.窄边蒲公英** *T. pseudoatratum* Oraz.

32　总苞片绿色；花冠无毛；叶不分裂，常具齿或羽状浅裂 ……………………

………………………………… **22.寒生蒲公英** *T. subglaciale* **Schischk.**

30　瘦果上部具较密的小刺，下部光滑或具小瘤。

33　总苞片暗绿色。

34　柱头干时黑色。

35　舌状花舌片白色；冠毛雪白色 … **37.尖角蒲公英** *T. pingue* **Scluschk.**

35　舌状花舌片黄色；冠毛白色。

36　瘦果倒卵状楔形，先端突然缢缩成较小的喙基 …………………………

………………………… **53.天全蒲公英** *T. apargiaeforme* **Dahlst.**

36　瘦果非上述情况。

37　外层总苞片披针形或卵形，常有明显的膜质边缘。

38　外层总苞片披针形。

39　外层总苞片先端背部具突起或小角 …………………………………

……………………… **48.毛柄蒲公英** *T. eriopodum* **DC.**

39　外层总苞片先端背部无突起或小角 …………………………………

………………… **57.川西蒲公英** *T. chionophilum* **Dahlst.**

38　外层总苞片卵形。

40　外层总苞片具网状脉 …**52.网苞蒲公英** *T. forrestii* **V. Soest**

40　外层总苞片无网状脉。

41　瘦果较大（果长4～4.5mm），果上部具较粗的短刺，下部光滑………

……………………… **51.滇北蒲公英 *T. suberiopodum* V. Soest**

41　瘦果较小（果长3～3.5mm），果上部具小刺，下部具钝瘤或皱折。

42　果下部具钝瘤，无皱折 ……………………………………………

…………………… **55.策勒蒲公英 *T. qirae* D. T. Zhai et Z. X. An**

42　果下部无钝瘤，具皱折 ………… **49.亚东蒲公英 *T. mitalii* V. Soast**

37　外层总苞片宽卵形，无明显的膜质边缘。

43　总苞片先端的背部无小角，瘦果麦秆黄色，黄褐色 …………

………………………… **47.藏蒲公英 *T. tibetanum* Hand.–Mazz.**

43　总苞片先端的背部明显有小角，皮果灰黑色 …………………

………… **54.翼柄蒲公英 *T. alatopetiolum* D. T. Zhai et Z. X. An**

34　柱头干时黄色或黄绿色。

44　总苞片全部无角。

45　花葶无毛；外层总苞片具窄的白色膜质边缘；叶羽状深裂

……… **67.中亚蒲公英 *T. centrasiaticum* D. T. Zhai et Z. X. An**

45　花葶具少量蛛丝状毛；外层总苞片不具白色膜质边缘；叶

常不分裂 ……… **69.山地蒲公英 *T. pseudoalpinum* Schischk.**

44　总苞片先端全部或部分有小角。

46　外层总苞片先端仅部分有小角 ············· **66.林周蒲公英**_T. ludlowii_ V. Stet

46　外层总苞片先端全部有小角。

47　瘦果灰色或灰褐色 ················ **64.灰果蒲公英**_T. maurocarpum_ **Dahlst.**

47　瘦果麦秆黄色、黄褐色、淡褐色或淡橘黄色。

48　喙基较长（长达1.8mm）；内层总苞片无小角，先端背部不增厚

················· **63.拉萨蒲公英**_T. sherriffii_ **V. Soest**

48　喙基较短（长不超过1.5mm）；内层总苞片先端具明显小角。

49　外层总苞片先端的小角较宽，呈正三角形状 ·····························

·················· **65.苍叶蒲公英**_T. glaucophyllum_ **V. Soest**

49　外层总苞片先端的小角较窄，呈狭三角形状。

50　外层总苞片具极窄的白色膜质边缘；舌状花舌片喉部与下部 ······

的外面有柔毛 ············· **27.阿尔泰蒲公英**_T. altaicum_ **Schischk.**

50　外层总苞片具宽膜质边缘；舌状花舌片无毛 ·······················

················· **38.和田蒲公英**_T. stanjukoviczii_ **Schischk.**

33　总苞片绿色或淡绿色。

51　舌状花舌片白色；喙粗壮 ·····································

················· **5.白花蒲公英**_T. leucanthum_（Ledeb.）Ledeb

51　舌状花舌片黄色、淡黄色，稀白色；喙纤细或略粗壮。

52 总苞片先端背部具角。

53 花托有托片 ················· **26.芥叶蒲公英** *T. brassicaefolium* Kitag.

53 花托无托片。

54 叶有紫色斑点 ·············· **25.斑叶蒲公英** *T. variegatum* Kitag.

54 叶无紫色斑点。

55 内层总苞片每片先端多具2或1枚小角 ··············

·············· **36.双角蒲公英** *T. bicorne* Dahlst.

55 内层总苞片每片先端具1枚小角。

56 瘦果先端突然缢缩为喙基，冠毛雪白色 ··············

·············· **36.橡胶草** *T. Kok–saghyz* Rodin

56 瘦果先端逐渐收缩为喙基，冠毛白色或污白色。

57 舌状花舌片黄色；外层总苞片先端背部有小角 ··············

·············· **23.蒲公英** *T. mongolicum* Hand. Mazz.

57 舌状花舌片白色或淡黄白色。

58 舌状花舌片白色；外层总苞片背部先端有小角 ··············

·············· **24.朝鲜蒲公英** *T. coreanum* Nakai

58 舌状花舌片淡黄白色；外层总苞片背部先端常无角 ··············

·············· **7.红角蒲公英** *T. luridum* Hagl.

52　总苞片先端背部无小角或仅稍增厚。

59　外层总苞片较内层总苞片窄，披针状线形，常整体显淡紫红色 ……………

……………………………… **19.苞蒲公英*T. bessarabicum*（*Hornem*）Hand.-Mazz.**

59　外层总苞片等宽或宽于内层总苞片，披针形至卵圆形，有时先端带紫色。

60　瘦果先端突然缢缩为喙基。

61　瘦果喙长于7mm。

62　外层总苞片绿色，无白色膜质边缘 ………………………………………

………………………………… **70.无角蒲公英*T. ecornutum* S. Koval.**

62　外层总苞片淡绿色，有白色膜质边缘。

63　瘦果上部有大量小刺 ………**13.深裂蒲公英*T. stenolobum* Stschegl.**

63　瘦果上部有小瘤 …………**18.印度蒲公英*T. indicum* Hand.-Mazz.**

61　瘦果喙短于7mm ………………**15.堆叶蒲公英*T. compactum* Schischk.**

60　瘦果先端逐渐收缩为喙基。

64　舌状花舌片苍白色或稍稍淡黄色，外层总苞片披针形 …………

………………………………**6.粉绿蒲公英*T. dealbatum* Hand.-Mans.**

64　舌状花舌片黄色，外层总苞片宽卵形、卵形或卵状披针形。

65　外层总苞片卵形，先端背部无角状突起、亦不增厚，或微增厚

………………………………**8.华蒲公英*T. borealisinense* Kitam.**

65　外层总苞片宽卵形、卵形或卵状披针形，先端背部具角状突起或增厚。

66　外层总苞片有较宽膜质边缘。

67　总苞长8～13mm。

68　瘦果麦秆黄色或淡褐色，稀黄褐色。

69　花葶花时常全部密被蛛丝状毛 ……………………………………………

………………………… **14.多裂蒲公英*T. dissectum*（*Ledeb.*）Ledeb.**

69　花葶花时无毛或仅在上部被稀疏的蛛丝毛 ……………………………

……………………………**9.亚洲蒲公英*T. asiaticum* T. Jahlst.**

68　瘦果常黄褐色或淡橘黄至棕色 ……… **17.小花蒲公英*T. parvulum* DC.**

67　总苞长16～21mm ……………… **10.光苞蒲公英*T. lamprolepis* Kitag.**

66　外层总苞片具窄膜质边缘或不明显的膜质边缘。

70　喙长10mm，果体上部具较密的小刺 ……………………………………

………… **12.异苞蒲公英*T. heterolepis* Nakai et Koidz. ex Kitag**

70　喙长3～4mm，果体上部几乎光滑或仅具数枚小刺 …………………

………………………… **16.丽江蒲公英*T. dasypodum* V. Soest**

第二节　蒲公英的生物学特性

一、生态习性

蒲公英具有喜光、喜温凉、耐寒、耐涝、耐瘠薄、耐热，抗旱、抗病、适应性强等特点。其根在露地越冬，可耐-40℃低温。春季3～4月在平均气温达5℃、地温1℃以上时即可萌发新芽，生长适宜温度为10～20℃，在30℃以上时发芽缓慢。茎叶生长适宜温度为20～22℃，在适温范围内生长快、整齐、叶嫩、叶大而肥厚，温度过高时茎叶老化快、变黄快。蒲公英属多年生、宿根、短日照植物，开花繁盛。春花期4～5月，秋花期8～9月，瘦果果期6～7月。开花后10～15天种子成熟，成熟种子没有休眠期，随风传播。种子遇适宜的环境条件即可萌发生长，到10月份长出10～15片叶，植株开始休眠越冬。蒲公英生长势强，对土壤要求不十分严格，能在各类土壤中生长，野生于山坡、草地、河岸、大田、路边、地边埂、荒地。外形可参见图2-1所示。

图2-1　蒲公英形态图

二、种子萌发特性

种子萌发是种子植物生活史实现的关键环节之一。植物种子的萌发通常以幼根的出现作为标准。种子的萌发行为受遗传和环境因子相互作用的影响，除与散布方式、生活型等其他生活史特征有关外，一些物种的种子萌发还受到光照和温度、种子大小、种子层积、破皮、母体效应、降水、海拔和光的影响，偶尔还需要特定的真菌共存体的影响。

蒲公英种子没有生理休眠期，所以从初春到盛夏都可发芽。种子在10~25℃之间均能发芽，其发芽适宜温度为15~20℃；不同的光照强度对蒲公英种子发芽没有明显影响；覆盖土壤有利于幼苗生长，适宜的覆土厚度为0.5~1.0cm。蒲公英种子的寿命为18个月，种子使用时间为12个月以内；而贮藏14个月的蒲公英种子做播种材料时，应加大播种量。（图2-2）

图2-2　蒲公英种子萌发

斑叶蒲公英种子萌发实验表明，授粉后种子萌发率、萌发势均较未授粉形成的种子高，二者达到了显著性差异。授粉处理的种子，萌发率高、萌发开始时间早、萌发持续时间短、平均萌发时间短，是爆发型种子类型，属于机会主义萌发策略。未授粉种子的萌发率低、萌发开始时间晚、萌发持续时间和平均萌发时间较长，是低萌型种子类型，属于谨慎萌发策略，这样可降低种子萌发和立苗过程中的死亡风险，使种族得到延续。

三、繁殖方法

在生物界，有性生殖和无性生殖是最基本的两种生殖方式，在有性生殖和无性生殖之间还存在着另一种生殖方式，即无融合生殖。无融合生殖是指不发生雌雄配子核融合而以种子进行繁殖的生殖方式。按无融合生殖发生频率高低可将无融合分为专性无融合和兼性无融合，兼性无融合植株可同时产生有性生殖种子和无融合生殖种子。无融合普遍存在于多年生植物中，被子植物无融合生殖的两种基本形式是单倍体无融合生殖和二倍体无融合生殖。

蒲公英的繁殖能力极强，且对环境的要求不严格。蒲公英属植物主要有无融合生殖、有性生殖和无性生殖三种生殖方式。Whitton等通过授粉套袋试验对欧洲蒲公英属植物繁育系统进行研究，初步得出二倍体蒲公英为有性生殖，多数三倍体蒲公英为专性无融合生殖，少数三倍体以及四倍体蒲公英为兼性无融

合生殖。之所以存在不同生殖方式，是对不同环境适应的结果。

在众多蒲公英类别中，其中有四分之一蒲公英类别是由二倍体繁殖形成，这些蒲公英都属于有性繁殖，基本上进行异交，少部分蒲公英属于自交。其余蒲公英基本上都是进行多倍体繁殖，而生物类别是会发生改变的。蒲公英在繁殖过程中基因之间没有倍性上的交流，基因出现变异的可能性主要由蒲公英之间所具有的相似性所决定，要是进行倍性交流，能够直接对于下一代植株数量造成影响。三倍体与四倍体蒲公英在繁殖之后，后代不仅仅会是杂交体，可能同时还会出现三倍体与四倍体，并在不断繁殖过程中数量在不断减少。通常在无融合生殖植物中，种群或个体倍性水平的改变伴随着生殖方式的改变，即植物在二倍性水平进行有性生殖的能力比较强，而在多倍性水平则有性生殖能力明显变弱，可能表现出无融合生殖特性。

1. 有性生殖

种子成熟后与冠毛一起随风飘落，在适宜的土壤及其他环境条件下（温度、湿度）即可发芽生长。这是蒲公英的主要繁殖方式。其每个头状花序上可结150粒左右的种子，均可萌发；这也是蒲公英野生资源丰富的原因。

2. 无性生殖

人们采食蒲公英时，常连同茎一起挖下或连同少许根，而根的大部分仍留在土中，这些残留的根就可以发芽再生出新的植株。实践证明，蒲公英可靠根切段繁殖，但生长较慢，生产上不宜采用。

3. 无融合生殖

蒲公英属植物的无融合生殖是指发生在生物体胚珠内，不需要经过雌配子和雄配子的受精过程而产生种子的生殖方式。在无融合生殖类型中，蒲公英属植物成为蒲公英型无融合生殖的代表植物。蒲公英属植物依靠种子进行繁殖并存在无融合生殖现象。虽然关于蒲公英属植物的无融合生殖已有报道，但其兼性无融合生殖方面的相关报道少之又少。而且蒲公英型作为单独一种无融合生殖类型，使得蒲公英属植物在研究无融合生殖方面有很高的代表价值。

蒲公英生殖特性与生态环境紧密相关，并根据生态环境变化做出相应调整的行为，称为生态适配性。不同生殖类型具有不同生态适应区，但也存在重叠区域，这为种间基因交流提供可能。无融合生殖利于新种群建立。兼性无融合蒲公英具有更广泛分布区域，对新生境适应能力更强。蒲公英无融合生殖现象是对高纬度地区缺乏传粉者的一种生殖适配。从地理分布来看，蒲公英属植物在高纬度地区多进行无融合生殖，在低纬度多进行有性生殖，而其他地区为有性生殖与无融合生殖混杂带。无融合生殖蒲公英胚和胚乳不需要花粉刺激也可自主发育，这对新生境的适应非常有益。无融合生殖由于没有外来基因导入，后代完全保持其母本基因组，缺乏遗传多样性，在长期的自然选择中会被逐渐淘汰，所以无融合生殖只是对不良环境的短暂适应，是有性生殖受阻的一种生殖补偿，在长期的历史进

化中还需要足够的时间以积累有利突变，达到一种稳定状态。

四、养分需求

氮元素是蒲公英生长过程中必不可少的大量元素之一，氮元素存在于蒲公英体内许多重要有机化合物（蛋白质、核酸叶绿素、酶、维生素、生物碱和激素）中。蒲公英的地上与地下部分所处的环境和功能不同，在养分物质的供求上相互依赖并影响。地上部分的生长需要根系供给水分和矿质营养，而根系生长所需要的有机物质和生理活性物质则来自地上部分的供给。蒲公英的个体生长形态指标随着生育期的延长呈增长趋势，氮元素对蒲公英的生长发育影响很大。

五、生长发育规律

蒲公英是初春变绿最早的植物之一，一般是在每年的3月上旬。土壤刚开始融化时，在一些水分充足、土质松软的环境中，上一年秋天枯萎的蒲公英就开始返青变绿，内层的嫩叶片先变绿，然后外层的才开始转变，颜色绿中带有褐色。蒲公英新芽的发生一般在每年的3月下旬至4月上旬，荒地上生长的蒲公英叶色鲜绿，而杂草间的表现为褐色；如果这个时期水分充足，蒲公英生长迅速，嫩叶可达10cm长。

蒲公英每年开花2次，分别为4～5月第1次，9～10月第2次。蒲公英适应性很强，既耐寒又耐热，早春地温1～2℃即开始萌发。4月开花的多为上一年植株，9月开花者则是当年新生植株。蒲公英的花期35～45天，有些植株延续到7～8月份。同一株植株花蕾可连续生长几枚到20多枚，并陆续开放。晴天花朵开放多在清晨6时，直到中午12～13时才闭合，次日清晨重新开放，尤其是晴天时节。生长在充足阳光下，生境潮湿处的花朵大，数量多，花期长，花粉也十分丰富。每当蒲公英开花3～5天后，开始吐出深黄色花粉。蒲公英在开花后20天左右可结实，结实后10天左右种子可成熟，随后随变态花萼散开。若是栽培的品种，此时可采收种子，可不经处理在整好的畦上种植。夏季播种的蒲公英当年可采食，也可采种；秋季播种的当年可采食，但不宜采种，因种子不能完全成熟；也可保留种子于第二年春播，采用温室或大棚栽培以提早上市。

六、生物量动态变化

在生长发育过程中，蒲公英需不断调整生物量分配策略以适应环境和自身变化。生殖分配是植物在生殖期内总同化产物分配给生殖器官的比例，生殖分配状况会直接影响植物种群繁衍。目前研究结果多支持生殖分配是一种选择效应。对一个特定物种来说，生殖分配主要取决于物种生物学特性，即使生长条件不同，个体总的生物量大小及其生殖分配百分比往往是稳定的。但也有学者认为植物生殖生长与营养生长之间呈显著负相关，这主要由研究对象所处环

境是否存在限制因子所决定。整个生殖季，不同倍性蒲公英的生殖生物量分配、根冠比不同。虽然根的生物量在整个生殖生长期没有大幅度提高，但保持较高分配比例，能有效为地上器官生长提供物质保障。生殖生长后期，生殖分配逐渐降低，但仍保持在20%以上。花葶作为繁殖器官——花和果实的支持结构，其生物学意义就在于对花起支持和展示作用，以利于植物传粉和种子传播。

蒲公英在生殖生长期，营养生长和繁殖活动同时存在，在资源有限情况下，各生长阶段资源分配比例不同。如果存在资源限制，营养生长与生殖生长存在一定资源竞争。生殖分配比例越高越有利于提高籽实产量。种子生殖分配比例直接影响下一代的生长发育和种群竞争力。自然界一年生草本植物，生殖部分一般占其总净同化能量20%～40%，多年生植物则只占其每年总净同化能量20%。总之，蒲公英在不同生长期具有不同繁殖策略，各生殖器官生物量配置比例有差别。

七、蒲公英中有效成分动态积累规律

有研究表明，植物中有效成分的形成和积累与生态环境息息相关。蒲公英中蛋白与黄酮含量随时间均呈现先增后减的趋势。蒲公英中黄酮与蛋白含量之间存在一定的正相关性。

蒲公英的叶可进行光合作用，在条件适宜的情况下，合成的物质可由叶（源）不断地向根（库）运输。蒲公英叶中的蛋白含量较高，是根中的1.90倍。叶中的蛋白随时间呈先增后减的趋势，而根中的蛋白呈现缓慢上升的趋势；这可能与叶和根之间的源库关系有关。进入冬季，加上根部蓄积营养安全过冬，以及寒冷环境的胁迫导致地上部分的枯萎，根的蛋白含量不会一直增加，处于一种动态平衡状态。

蒲公英中的黄酮类物质相对比较稳定，也与蛋白存在着一定的相关性，这种相关性可能与黄酮合成所需酶的参与有关，而多数酶均是由蛋白质所构成，如果酶量加大，相应地，合成黄酮的速率也加快，在某种意义上能够反映出黄酮含量的增加。蒲公英蛋白与黄酮随时间变化差异显著，发芽或返青后180天蒲公英中黄酮与蛋白的含量均最高，其抗菌、消炎、清除自由基的作用明显；其丰富的蛋白含量，可供食用，营养价值较高。因此建议在蒲公英生长180天地上部分未枯萎时采收，这样可获得较高的经济效益。不同类型蒲公英蛋白与黄酮含量亦差异显著。因此，为了获得有效成分含量较高的蒲公英，生产上建议种植叶泛红，顶裂较大呈三角形状，外面的叶呈波状齿形，叶缘较尖且叶基生，主根粗壮，侧根发达的蒲公英。

第三节　蒲公英的地理分布

一、蒲公英的资源

蒲公英属（*T. F. H. Wigg.*）是菊科（Compositae）较大的属之一，也是菊科舌状花亚科（Cichorioideae kitam）最进化的类群之一，全世界有2000多种。该属演化关系复杂，区系地理也特殊，在北半球温带至亚热带中部地区均有分布，也分布至热带南美洲地区。欧洲中部至东部及亚洲中至东部是其分布中心或"分布区密集中心"。我国初步整理有70种、1变种，除东南及华南地区外，遍及全国，西北、华北、东北及西南地区最多，华中、华东略少；其中新疆或西北地区共同分布的种最多，有30种；其次为中国西北至西南地区共同分布的有9种；而在我国"横断山脉—喜马拉雅山脉"地区其种群分化较特殊，是独特的"分化中心"之一，有14种（包括特有种4种）；我国华北—东北至亚洲东部国家有6种，亚洲广布的1种，其他有10种。

二、蒲公英的分布

1. 毛叶蒲公英*T. minutilobum* M. Pop. ex S. Koval.

产于新疆（塔什库尔干）。生长于海拔3000～3700m的河漫滩草甸、洼地。

哈萨克斯坦、吉尔吉斯斯坦、乌兹别克斯坦也有分布。

2. 小叶蒲公英（新拟）高氏蒲公英*T. goloskokovii* Schischk.

产于新疆（塔什库尔干）。分布于海拔3000～3700m的河漫滩草甸、洼地。哈萨克斯坦、吉尔吉斯斯坦也有分布。模式标本产于哈萨克斯坦。

3. 葱岑蒲公英*T. pseudominutilobum* S. Koval.

产于新疆（塔什库尔干、阿图什）。生长于海拔3000～3700m的草甸草原、河谷草甸、洼地。哈萨克斯坦、乌兹别克斯坦也有分布。

4. 短喙蒲公英*T. brevirostre* Hand. –Mazz.

产于甘肃西部（阿克塞）、青海、西藏等省区。生长于海拔1700～5000m的山坡草地处。阿富汗、巴基斯坦、伊拉克、伊朗、土耳其也有分布。模式标本产于帕米尔地区。

5. 白花蒲公英*T. leucanthum*（Ledeb.）Ledeb.

产于甘肃西部（阿克塞）、青海、新疆、西藏等省区。生长于海拔2500～6000m的山坡湿润草地、沟谷、河滩草地以及沼泽草甸处。印度西北部、伊朗、巴基斯坦、俄罗斯等国也有分布。模式标本产阿尔泰山区。

6. 粉绿蒲公英*T. dealbatum* Hand. –Mazz.

产于新疆。生长于河漫滩草甸、农田水边。俄罗斯、哈萨克斯坦及蒙古也有分布。

7. 红角蒲公英 *T. luridum* **Hagl.**

产于新疆（塔什库尔干）。生长于海拔约3000m的河谷草甸及洼地处。俄罗斯、哈萨克斯坦、巴基斯坦、阿富汗、伊朗也有分布。模式标本采自新疆塔什库尔干。

8. 华蒲公英 *T. borealisinense* **Kitam.**

产于黑龙江、吉林、辽宁、内蒙古、河北、山西、陕西、甘肃、青海、河南、四川、云南等省区。生长于海拔300～2900m稍潮湿的盐碱地或原野、砾石中。蒙古和俄罗斯也有分布。模式标本采自山西太原。

9. 亚洲蒲公英 *T. asiaticum* **Dahlst.**

产于黑龙江、吉林、辽宁、内蒙古、河北、山西、陕西、甘肃、青海、湖北、四川等省区。生长于草甸、河滩或林地边缘。俄罗斯、蒙古也有分布。

10. 光苞蒲公英 *T. lamprolepis* **Kitag.**

产于黑龙江、吉林、辽宁及内蒙古东部（科尔沁右翼前旗）。生长于山野向阳地。模式标本采自吉林长春。

11. 丹东蒲公英 *T. antungense* **Kitag.**

产于辽宁（丹东、大连）。生长于低海拔山坡杂草地。模式标本采自丹东。

12. 异苞蒲公英 *T. heterolepis* **Nakai et Koidz. ex Kitag**

产于黑龙江、吉林、辽宁。生长于山坡、路旁及湿地。模式标本采自辽宁开原。

13. 深裂蒲公英 *T. stenolobum* **Stschegl.**

产于新疆（青河、阿勒泰、哈巴河、布尔津）。生长于河谷草甸、低山草原。俄罗斯及哈萨克斯坦也有分布。

14. 多裂蒲公英 *T. dissectum*（Ledeb.）**Ledeb.**

产于新疆天山。生长于海拔约3600m的高山湿草甸。俄罗斯贝加尔湖地区也有分布。

15. 堆叶蒲公英 *T. compactum* **Schischk.**

产于新疆（北疆地区）。生长于海拔700～1700m的森林草甸、低山草原、荒漠草原带。哈萨克斯坦也有分布。

16. 丽江蒲公英（新拟）*T. dasypodum* **V. Soest**

产于云南西部（丽江、德钦、中甸、景东）。生长于海拔1900～3200m的干山坡草地上。模式标本采自云南丽江。

17. 小花蒲公英（新拟）*T. parvulum*（Wall.）**DC.**

产于山西（五台山）、青海、四川西部、云南西北部及西藏。生长于海拔1500～4500m的沼泽地、河滩草甸以及山坡草地。不丹、印度西北部及巴基斯坦北部也有分布。

18. 印度蒲公英 *T. indicum* Hand. –Mazz.

产于四川西南部（木理）、云南中及西部（昆明、江川、中甸、丽江），西藏也有记载。生长于海拔1300～3800m的路旁草地。印度、越南也有分布。

19. **窄苞蒲公英** *T. bessarabicum* (**Hornem.**) **Hand. –Mazz.**

产于新疆北部（乌鲁木齐、伊犁地区、塔城地区、阿勒泰地区）。分布于河漫滩草甸、盐碱地、农田水旁、路边。蒙古、哈萨克斯坦、伊朗及欧洲等地也有分布。

20. **光果蒲公英** *T. glabrum* **DC.**

产于新疆（乌鲁木齐、阜康、尼勒克、和硕、轮台、库车、阿图什、叶城）。生长于海拔2300～4200m的高山及亚高山草甸至草甸草原。哈萨克斯坦及俄罗斯也有分布。

21. **窄边蒲公英** *T. pseudoatratum* **Oraz.**

产于新疆（塔城、巴里坤、特克斯、昭苏、和静）。分布于高山、亚高山草甸。哈萨克斯坦及俄罗斯也有分布。

22. **寒生蒲公英** *T. subglaciale* **Schischk.**

产于新疆西南部（塔什库尔干）。生长于海拔3500～4500m的高寒荒漠带。哈萨克斯坦也有分布。模式标本采自哈萨克斯坦。

23. 蒲公英［蒙古蒲公英、黄花地丁、婆婆丁、灯笼草（湖北），姑姑英（内蒙古），地丁］*T. mongolicum* **Hand.–Mazz.**

产于黑龙江、吉林、辽宁、内蒙古、河北、山西、陕西、甘肃、青海、山东、江苏、安徽、浙江、福建北部、台湾、河南、湖北、湖南、广东北部、四川、贵州、云南等省区。广泛生长于中、低海拔地区的山坡草地、路边、田野、河滩。朝鲜、蒙古、俄罗斯也有分布。

24. 朝鲜蒲公英（白花蒲公英）*T. coreanum* **Nakai**

产于黑龙江、吉林、辽宁、内蒙古东部及河北。生长于原野或路旁。朝鲜、俄罗斯也有分布。

25. 斑叶蒲公英*T. variegatum* **Kitag.**

产于黑龙江、吉林、辽宁、内蒙古东部及河北等地。生长于山地草甸或路旁。模式标本采自吉林长春。

26. 芥叶蒲公英*T. brassicaefolium* **Kitag.**

产于黑龙江、吉林、辽宁、内蒙古东部、河北东部等。生长于河边、林缘及路旁。模式标本采自吉林长春。

27. 阿尔泰蒲公英*T. altaicum* **Schischk.**

产于新疆（乌鲁木齐、奇台、阿勒泰）。生长于海拔2000～2500m的森林草甸。哈萨克斯坦及俄罗斯也有分布。

28. 大头蒲公英 _T. calanthodium_ Dahlst.

产于陕西西南部、甘肃南部（岷县、榆中、临潭、夏河）、青海、四川西北部及西藏东部。生长于海拔2500～4300m的高山草地。模式标本采自四川松潘。

29. 川甘蒲公英 _T. lugubre_ Dahlst.

产于甘肃南部、青海东南部、四川西北部及西藏东部。分布于海拔2800～4200m的高山草地。模式标本采自四川北部。

30. 多毛蒲公英 _T. lanigerum_ V. Soest

产于西藏（察隅、吉隆、索县）、青海。分布于海拔3900～4600m的林缘或高山草甸上。尼泊尔也有分布。模式标本采自西藏察隅。

31. 反苞蒲公英 _T. grypodon_ Dahlst.

产于四川西北部及西藏东部。生长于中、高海拔地区松林下或山坡草地。模式标本采自四川松潘。

32. 白缘蒲公英（热河蒲公英、山蒲公英、河北蒲公英）_T. platypecidum_ Diels

32a. 白缘蒲公英（原变种）var. _platypecidum_

产于黑龙江、吉林、辽宁、内蒙古、河北、山西、陕西、河南、湖北、四川等省区；生长于海拔1900～3400m的山坡草地或路旁。朝鲜、俄罗斯、日本也有分布。模式标本采于北京郊区百花山。全草供药用，功效同蒲公英。

32b.　狭苞蒲公英（变种）var. *angustibracteatum* Ling

产于河北、山西；生长于海拔1600m左右的山坡。

33.　山西蒲公英*T. licentii* V. Soest

产于山西（太原、五台山）；生长于海拔2200m的山坡草地。模式标本采自山西太原。

34.　东北蒲公英*T. ohwianum* Kitam.

产于黑龙江、吉林、辽宁；生长于低海拔地区山野或山坡路旁。朝鲜、俄罗斯远东地区也有分布。模式标本采自朝鲜。

35.　橡胶草*T. kok–saghyz* Rodin

产于新疆（伊宁）。生长于河漫滩草甸、盐碱化草甸、农田水渠边。哈萨克斯坦及欧洲也有分布。根含乳汁，可提取橡胶，用于制造一般橡胶制品。

36.　双角蒲公英*T. bicorne* Dahlst.

产于青海西部、甘肃西部（安西、敦煌、张掖）及新疆等地。生长于河漫滩草甸、盐碱地、农田水渠旁。哈萨克斯坦、吉尔吉斯斯坦及伊朗也有分布。

37.　尖角蒲公英*T. pingue* Schischk.

产于新疆西南部（和静、塔什库尔干）。生长于高寒荒漠、高山草甸。哈

萨克斯坦、吉尔吉斯斯坦及俄罗斯也有分布。

38. 和田蒲公英 *T. stanjukoviczii* Schischk.

产于新疆西南部（和田）。生长于海拔3000～4000m的河谷草甸及洼地。哈萨克斯坦、吉尔吉斯斯坦、伊朗、阿富汗也有分布。模式标本采自帕米尔。

39. 荒漠蒲公英 *T. monochlamydeum* Hand. –Mazz.

产于新疆。甘肃也有记载。生长于荒漠区汇水洼地及盐碱化草甸、农田水边、路旁。哈萨克斯坦、阿富汗、巴基斯坦、印度及伊朗也有分布。

40. 多葶蒲公英 *T. multiscaposum* Schischk.

产于新疆（乌鲁木齐、乌苏）。生长于低山草原、荒漠区汇水洼地，也见于农田水边、路旁。哈萨克斯坦、吉尔吉斯斯坦、阿富汗、伊朗也有分布。

41. 小果蒲公英 *T. lipskyi* Schischk.

产于新疆（青河、富蕴）。分布于低山草原及荒漠草原区的低洼地，也见于农田水边、河漫滩草甸。哈萨克斯坦、吉尔吉斯斯坦也有分布。

42. 长锥蒲公英 *T. longipyramidatum* Schischk.

产于新疆（乌鲁木齐、玛纳斯、塔城）。生于低海拔地区草原、荒漠的洼地，以及农田水边、路旁。哈萨克斯坦、吉尔吉斯斯坦也有分布。模式标本采自哈萨克斯坦阿拉木图。

43. 新源蒲公英 *T. xinyuanicum* D. T. Zhai et Z. X. An

产于新疆（新源）。生长于海拔1500m的森林草甸带。模式标本采自新疆新源。

44. 药用蒲公英（药蒲公英）*T. officinale* F. H. Wigg.

产于新疆各地。生长于海拔700～2200m间的低山草原、森林草甸或田间与路边。哈萨克斯坦、吉尔吉斯斯坦及欧洲、北美洲等地也有分布。

45. 角苞蒲公英 *T. stenoceras* Dahlst.

产于甘肃西南部、青海、四川西北部及西藏。生长于海拔3000～4500m的山坡草地或田边湿地。模式标本采自四川松潘。

46. 长角蒲公英 *T. pseudostenoceras* V. Soest

产于甘肃南部（夏河）、青海东南部（泽库、同仁、贵得）。生长于海拔2300～3500m的山坡草地。尼泊尔也有分布。模式标本产于尼泊尔。

47. 藏蒲公英（西藏蒲公英，西藏植物志）*T. tibetanum* Hand. –Mazz.

产于青海南部、四川西部（甘孜州、阿坝州）、云南西北部及西藏中部和东部。生长于海拔3600～5300m的山坡草地、台地及河边草地上。锡金、不丹也有分布。

48. 毛柄蒲公英（毛葶蒲公英，西藏植物志）*T. eriopodum*（D. Don）Dc.

产于甘肃南部、青海、云南西北部（丽江、中甸、永胜）、四川西部及西

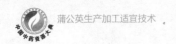

藏等地；生长于海拔3000～5300m的山坡草地、河边沼泽地上。印度西北部、

锡金、不丹、尼泊尔也有分布。模式标本产尼泊尔。

49. 亚东蒲公英*T. mitalii* V. Soest

产于西藏亚东。生长于海拔2400～4500m的山坡草地或杜鹃灌丛下。不丹、

锡金、尼泊尔也有分布。模式标本产于尼泊尔。

50. 锡金蒲公英*T. sikkimense* Hand. –Mazz.

产于青海、四川西部、云南西北部（丽江、中甸）及西藏。生长于海拔

2800～4800m的山坡草地或路旁。锡金、尼泊尔、巴基斯坦也有分布。

51. 滇北蒲公英*T. suberiopodum* V. Soest

产于云南西北部（中甸、宁蒗）。生长于海拔3100～3400m的山坡草地或林

缘。模式标本采自云南西北部宁蒗县永宁。

52. 网苞蒲公英*T. forrestii* V. Soest

产于云南西北部（中甸）及西藏东南部。生长于海拔4200m处的干山坡。

印度也有分布。模式标本采自印度和西藏东南部察隅。

53. 天全蒲公英*T. apargiaeforme* Dahlst.

产于四川西北部（理县、汶川、马尔康）及西藏（安多）。生长于海拔

3000～3800m的高山草地。巴基斯坦也有分布。模式标本采自四川松潘。

54. 翼柄蒲公英 *T. alatopetiolum* **D. T. Zhai et Z. X. An**

产于新疆（乌鲁木齐）。生长于海拔3400m的亚高山草甸。模式标本采自新疆乌鲁木齐。

55. 策勒蒲公英 *T. qirae* **D. T. Zhai et Z. X. An**

产于新疆（策勒）。生长于海拔3000m的河谷草甸。模式标本采自新疆策勒。

56. 紫花蒲公英 *T. lilacinum Krassn.* **ex Schischk.**

产于新疆（乌鲁木齐、阜康、布尔津、精河、乌苏、察布查尔、尼勒克、昭苏、和静、温宿等地）。生长于海拔2500m以上的高山草甸、草甸草原。哈萨克斯坦、吉尔吉斯斯坦也有分布。

57. 川西蒲公英 *T. chionophilum* **Dahlst.**

产于四川西北部（理县、马尔康、松潘）。生长于海拔2700～4600m的高山草地或灌木丛下。模式标本采自四川松潘县黄龙寺。

58. 垂头蒲公英 *T. nutans* **Dahlst.**

产于山西、陕西东南部（渭南）、宁夏南部（海原）及河北西部（阜平）。生长于海拔1100～3200m的山坡草地或林下。模式标本采自山西。

59. 血果蒲公英 *T. repandum* **Pavl.**

产于新疆（阿合奇）。生长于海拔2900m的亚高山草甸及森林草甸带。哈萨

克斯坦及吉尔吉斯斯坦也有分布。

60. 天山蒲公英 *T. tianschanicum* Pavl.

产于新疆（天山地区）。生长于海拔900～2500m的草甸草原、森林草甸、山地草原、荒漠草原带，也见于平原地区的农田、水旁。哈萨克斯坦也有分布。

61. 紫果蒲公英 *T. sumneviczii* Schischk.

产于新疆（霍城）。生长于河漫滩草甸、森林草甸。哈萨克斯坦、吉尔吉斯斯坦及俄罗斯也有分布。

62. 红果蒲公英 *T. erythrospermum* Andrz.

产于新疆（北疆地区）。生长于山地草原、森林草甸，也见于荒漠草原及荒漠带的河谷、渠边。哈萨克斯坦及欧洲也有分布。

63. 拉萨蒲公英 *T. sherriffii* V. Soest

产于青海、云南西北部及西藏。生长于海拔2300～4500m的山坡草地。克什米尔也有分布。模式标本采自西藏拉萨。

64. 灰果蒲公英川藏蒲公英 *T. maurocarpum* Dahlst.

产于青海、四川西部（甘孜州、阿坝州）及西藏等省区。生长于海拔3000～4500m的高山草坡、河边。伊朗、阿富汗、巴基斯坦也有分布。模式标本采自四川康定。

65.　苍叶蒲公英 *T. glaucophyllum* V. Soest

产于青海、四川西部（木里）、云南西北部、西藏。生长于海拔2800～4300m的山坡草地。模式标本采自西藏削登贡巴（即今八宿县然乌湖边）。

66.　林周蒲公英 *T. ludlowii* V. Soest

产于西藏（拉萨、当雄、林周）。生长于海拔3900～5300m的山坡草地。模式标本采自西藏林周县。

67.　中亚蒲公英 *T. centrasiaticum* D. T. Zhai et Z. X. An

产于新疆（策勒）。生长于海拔3500m的河谷草甸。模式标本采自新疆策勒。

68.　绯红蒲公英 *T. pseudoroseum* Schischk.

产于新疆（乌鲁木齐、阜康、沙湾、奇台、阿勒泰、伊宁、尼勒克）。生长于海拔2500～3300m的高山、亚高山草甸及森林草甸。哈萨克斯坦及吉尔吉斯斯坦也有分布。

69.　山地蒲公英草甸蒲公英 *T. pseudoalpinum* Schischk. ex Oraz.

产于新疆（青河、新源）。生长于亚高山草甸、森林草甸。哈萨克斯坦及吉尔吉斯斯坦也有分布。

70.　无角蒲公英 *T. ecornutum* S. Koval.

产于新疆（乌鲁木齐、伊宁）。生长于低山草原、农田渠边、路旁。哈萨

克斯坦也有分布。

三、存疑种

除以上各种蒲公英属植物以外，在我国西部尚有N. N. Tzvelev发表的7种蒲公英属植物。由于原记载过简，未见到标本。现根据原始记载转录如下，以作备忘。

1. ***T. kozlovii* Tzvel. in Nov. Sist. Vyssh. Rast 24：216. 1987**

模式标本采自甘肃。N. N. Tzvelev将本种置于*Sect. Sinensia* V. Soest中。

2. ***T. roseoflavescens* Tzvel. in Nov. Sist. Vyssh. Rast. 24：217. 1987.**

模式标本采自西藏北部，海拔4300m的湿润处。N. N. Tzvelev将本种置于*Sect. Sinensia* V. Soest中。

3. ***T. subcoronatum* Tzvel. in Nov. Sist. Vyssh. Rast. 24：218. 1987.**

模式标本采自西藏北部，海拔4500m处。N. N. Tzvelev将本种置于*Sect. Tibetana* V. Soest。

4. ***T. przevalskii* Tzvel. in Nov. Sist. Vyssh. Rast. 24：218. 1987.**

模式标本采自西藏北部，海拔5000m处。N. N. Tzvelev将本种置于*Sect. Tibetana* V. Soest。

5. *T. sinotianschanicum* Tzvel. in Nov. Sist. Vyssh. Rast. 24：220. 1987.

模式标本采自新疆东天山的小尤尔都斯，海拔3440m。N. N. Tzvelev认为

该种和*T. tibetanum* Hand. –Mazz.最相似。

6. *T. roborovskyi* Tzvel. in Nov. Sist. Vyssh. Rast. 24：215. 1987.

模式标本采自新疆东天山。N. N. Tzvelev认为该种和*T. canitiosum* Dahlst.

（已归并到*T. calanthodium* Dahlst. 中）最相似。

7. *T. potaninii* Tzvel. in Nov. Sist. Vyssh. Rast. 24：220. 1987.

模式标本采自新疆东天山，海拔2000～2400m处。N. N. T zvelev认为该种

和*T. tibetanum* Hand.–Mazz.相似。

此外，据记载在山东还有一种蒲公英，即*T. duplex* Jacot.，由于未见到原始

文献（N. China Branch Roy. Asiat. Soc. IXi. 142. 1930），也在此存疑。

阿尔金蒲公英*T. altune* D. T. Zhai et Z. X. An（Jour. Aug. –1st. Agri. Coll. 18

（3）：1. 1995）的模式标本原未见果实。现查阅KUN的副模式标本时，发现了

有果实的标本，经研究是还阳参属*Crepis L.*植物。

第四节　蒲公英的生态适宜分布区域与适宜种植区域

我国地域辽阔，不同地域的气候条件和土壤状况具有明显的差异。只有

与药材主产区有较高生态相似性的区域，才有可能生产出具备相近品质的药材。因此，利用生态相似性原理对中药材进行合理区划是中药材引种栽培的前提和基础，也是各地发展中药材种植需要考虑的首要问题。我国中药材生产区划过去主要依靠传统经验，在"十一五"国家科技支撑计划等项目支持下，中国医学科学院药用植物研究所与中国测绘科学研究院、中国药材集团公司合作研发了"中药材产地适宜性分析地理信息系统"（Geographic Information System for Traditional Chinese Medicine，TCMGIS），首次成功引入了地理信息系统空间分析技术，并将地理信息学、气象学、土壤学、生态学、中药资源学、药材栽培学、药用动物养殖学等多个学科的理论和方法有机地结合在起来，应用于中药材产地适宜性分析和数值区划，可快速分析和直观展示中药材适宜生长区域，使中药材产地适宜区分析的空间表达更加具体形象。本方法根据翔实的数据和科学分析方法，以"生态相似度"来定量确定药材的适宜产地与种植区域，为中药材种植与推广提供数据支持与空间格局规划，对中药材生产具有重要的指导意义。现已利用该方法对200余种药材进行了适宜性区划。

蒲公英属植物在北半球温带至亚热带中部地区均有分布，也分布于热带南美洲地区。因蒲公英分布广泛，到目前还没有专门对蒲公英做过生态适宜性区划。

第3章

蒲公英栽培技术

第一节 蒲公英种子种苗繁育

一、繁殖材料

蒲公英种植以种子直播为主，亦可育苗移栽、块根繁殖等。

二、繁殖方式

（一）有性繁殖

以种子繁殖为主 蒲公英种子在4月即可成熟采收，由于没有休眠期，采收后可直接播种；此外，为了提前出苗，可把种子经处理后播种。

种子处理 ①在播种前3日用清水浸种20~24h后，再用清水冲洗2~3遍，然后置于20℃左右处催芽2日即可播种。催芽期间每天应翻动种子3~4次，以利出芽整齐，并用清水冲洗1次。②采用温水催芽，即把种子置于50~55℃温水中，搅动到水凉后，再浸泡8h，捞出，将种子包于湿布内，放在25℃左右的地方，上面用湿布覆盖，每天早晚用50℃温水浇1次，3~4日种子萌动即可播种。

（二）无性繁殖

无性繁殖以肉质直根繁殖为主，在3月中下旬和9月下旬都可用肉质直根繁殖栽培。

第二节　蒲公英的栽培技术

一、选地整地和施肥

（一）选地

蒲公英适应性强，既耐旱又耐碱，喜疏松肥沃排水好的沙壤土，一般选肥沃、湿润、疏松、有机质含量高、向阳的沙质壤土或土层深厚、有机质含量高的土地种植。忌选保水、保肥差，易风干的新积土和火山灰暗棕壤种植蒲公英。

（二）整地与施肥

播种前需施足底肥和进行深翻地。每$666.7m^2$耕地施腐熟农家肥1000～1500kg，与土壤充分混合耙匀后，深翻25～30cm，整平细耙，地面整平耙细后，做宽100cm、高15cm、长10m的播种床或做高30cm、垄宽30cm，肩宽20cm小垄。床面要整细搂平，不能有石块、树根和木棍等杂物。

二、繁殖方法

（一）种子直播

蒲公英的播种时间为4月25日～5月5日。

1. 湿播法

播种前先施2.5kg/m²左右的磷酸二铵，然后浇水。一般于播种前2～3日浇足底墒水，浇水不宜过多，以浇透为宜。水渗下后均匀撒种，条播、平播均可，播种量每667m²用种量500～750g。先将种子用清水浸泡24h，捞出控干水，与100倍量的草木灰拌匀，在床上按行距20cm开沟，沟宽5cm，深1cm，在沟内均匀播入拌好的种子，播后覆土0.3～0.5cm，然后用耙子将床面搂平，并及时用木碌镇压，再上覆一层稻草、树叶或薄膜保墒。6～7d即可出苗，出苗80%左右时揭去覆盖物。

2. 干播法

播种前对种子进行"温汤浸种"或用多菌灵药液浸泡，荫干后与5倍体积的细土或粗沙混合进行播种，能有效减少用种量，利于出苗均匀，播种完毕后要进行镇压、浇水，浇水要采取喷淋，喷头向上，呈牛毛细雨状均匀下落。往返喷洒，畦面水量不要太多，避免种子在地表不固定而漂移。浇水3日后畦面撒过筛细土0.3cm厚，再喷洒少量水。苗出土前不能浇大水。

（二）育苗移栽

（1）播种育苗　为了使出苗快而整齐，应当提前3日用清水浸种20～24h后，再用清水冲洗2～3遍，然后置于20℃左右处催芽2日即可播种（催芽期间每天应翻动种子3～4次，以利出芽整齐，并用清水冲洗1次）。

（2）适时分苗　大约播后25日左右，子苗达2片真叶时就可进行分苗，移苗土也必须使用配制好的营养土，采用8cm×8cm的营养钵。每钵移1株（弱小的子苗也可每钵移2～3株）。

（3）配制营养土　营养土要求结构好即疏松、通气、透水，同时肥力高。可采用40%田土、40%腐熟马粪或草炭、10%优质粪肥、10%炉灰、0.3%磷酸二铵搅拌混匀（混合前需过筛）。

（三）母根移栽法

以肉质直根繁殖为主，在3月中下旬和9月下旬都可用肉质直根繁殖栽培。以9月下旬繁殖栽培为例，在晴天的上午8～10点到野外去采挖野生蒲公英母根，选挖叶片肥大、根系粗壮者，挖出后，保留主根与顶芽，作为种用。当天下午在畦内开始定植，沟深7～8cm，行距20～25cm，株距10～12cm，每畦定植母株6行，以防烂根，种后第二天再浇水。为缓苗养根，可少浇水，在封冻前浇一次封冻水，并盖上草帘，等待越冬。翌年2月中下旬即可采叶上市。

三、田间管理

（一）间苗补苗

蒲公英长到4片真叶时，进行第一次间苗，间苗时根据生长情况去弱留强、去病留壮进行间苗，株距5～8cm，再经10～15日即可定苗，株距8～10cm，缺

苗断垄要及时补苗，保壮苗保全苗是稳产高产的基础。

（二）中耕除草

蒲公英出苗10日左右齐苗后，不再洒水，及时进行浅锄中耕，疏松表土，结合中耕进行除草、间苗、定苗。结合浅锄松土、将表土内的细根锄断，有助于主根生长，同时做到田间无杂草。床播的用小尖锄在苗间刨耕；垄播的用镐头在垄沟刨耕。以后每10日进行1次松土中耕。封垄后要不断人工除草。

（三）施肥灌溉

出苗前，如果土壤干旱，可在播种畦上，先稀疏散盖一些麦秸或茅草，然后洒水，保持土壤湿润。蒲公英出苗后需要大量水分，因此保持土壤的湿润状态是蒲公英生长的关键。蒲公英长到一叶一心时第1次施磷酸二铵与尿素按3：1配制的混合肥，每100m²用肥2.5kg，施肥后浇水。原则是小水勤浇。三叶一心时第2次施肥，方法同上。正常生长期间每月浇水不超过1次。叶面追肥可在9月中旬用富硒康0.1%稀释液，进行叶面喷洒（1次）；冬季生产时，再于采收前10日喷洒1次，可大大提高产品的含硒量。

若作为蔬菜栽培，不提倡过量施化肥。若作为花卉栽培，则早春返青后喷施1%的尿素溶液，每平方米5～10g；当可见总状花序时，每平方米3～5g喷施0.5%的磷酸二氢钾溶液。花期结束后，尽早剪掉枯叶，每平方米沟施30～50g尿素，并与花后15～20日结合浇水，每平方米施磷酸二氢钾20～30g。

四、病虫害防治

病虫害及其防治是药用植物栽培过程中最为薄弱和关键的环节。药用植物种类繁多、受环境因素的影响较大以及栽培生产中的粗放管理等原因，导致长期以来病虫害及其防治问题十分突出，成为影响药用植物产量和中药材品质的重要因素。因此，加强药用植物的规范化管理，重视病虫害的有效防治，是保证药用植物稳产、优质、高效的关键措施。

（一）病害及防治措施

1. 常见病害

（1）叶斑病　主要为害叶片，叶面初生针尖大小的绿色至浅褐色小斑点，后扩展成圆形至椭圆形或不规则状，中心暗灰色至褐色，边缘有褐色线隆起，直径3～8mm，个别病斑直径达20mm。叶斑病为真菌病害。以菌丝体和分生孢子丛在病残体上越冬，以分生孢子进行初侵染和再侵染，借气流及雨水溅射传播蔓延。通常多雨的天气易发病，植株生长不良，或偏施氮肥、长势过旺时，会加重发病。

防治方法：及时清理田园，结合采摘，将病叶及病株携出田外烧毁；清沟排水，避免偏施氮肥，适时喷施植宝素等，使植株健壮生长，增强抵抗力；发病初期开始喷洒42%福星乳油8000倍液，或20.67%万兴乳油2000～30000

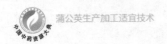

倍液，或50%扑海因可湿性粉剂1500倍液。每10～15日喷1次，连喷2～3次；发病初期也可喷洒40%多硫悬浮剂500倍液，或75%百菌清可湿性粉剂1000倍液，或70%甲基硫菌灵可湿性粉剂1000倍液，或50%扑海因可湿性粉剂1500倍液，或60%乙磷铝可湿性粉剂600倍液。

（2）锈病　主要为害叶片和茎。初期在叶片上现浅黄色小斑点，叶背对应处也生出小褪绿斑。后期产生稍隆起的疱状物，疱状物破裂后，散出大量黄褐色粉状物；叶片上病斑多时，叶缘上卷。

防治方法：同叶斑病防治方法。

（3）斑枯病　又称褐斑病、黑斑病，其主要为害叶片，初于下部叶片上出现褐色小斑点，后扩展成黑褐色圆形或近圆形至不规则形斑，大小5～10mm，外部有一不明显黄色晕圈。后期病斑边缘呈黑褐色。中央稍褪色，湿度大时出现不大明显的小黑点，即病菌分生孢子器。严重时病斑融合成片，致整个叶片变黄干枯或变黑脱落。褐斑病为真菌病害。病菌在病残体上越冬，第二年春当条件适宜时，借风雨传播。经20～30日潜育，发病后又产生分生孢子进行再侵染。高温多雨条件易发病，连作、栽植过密、老根留种的花圃发病重。

防治方法：发病期要加强管理；浇水适量，选晴天上午浇水，阴天不浇或少浇。栽植密度适当，及时清沟排水，要通风透光，及时剪除病叶深埋或烧毁；可喷洒30%碱式硫酸铜悬浮剂400倍液，1∶1∶100的倍量式波尔多液，

50%甲基硫菌灵悬浮剂800倍液，75%百菌清可湿性粉剂600倍液，50%苯菌灵可湿性粉剂1500倍液。隔10～15日喷1次，老龄植株或转入生殖生长时隔7～10日喷1次，视病情防治3～5次。

（4）枯萎病　初发病时叶色变浅发黄，萎蔫下垂，茎基部也变成浅褐色。横剖基部可见维管束变为褐色，向上扩展枝条的维管束也逐渐变成淡褐色，向下扩展根部外皮坏死或变黑腐烂。有的茎基部裂开，湿度大时产生白霉。

防治方法：提倡施用酵素菌沤制的堆肥或腐熟有机肥；加强田间管理，与其他作物轮作；选种适宜本地的抗病品种；选择宜排水的沙性土壤栽种；合理灌溉，尽量避免田间过湿或雨后积水；发病初期选用50%多菌灵可湿性粉剂500倍液，或50%琥胶肥酸铜可湿性粉剂400倍液、30%碱式硫酸铜悬浮剂400倍液灌根，每株用药液0.4～0.5L，视病情连续灌2～3次。

（5）霜霉病　主要为害叶片。病斑生于叶上，初淡绿色，后期黄色，边缘不清楚。菌丛叶背生，白色，中等密度。

防治方法：可用72%克露，或克霉氰、克抗灵可湿性粉剂800倍液、69%安克锰锌可湿性粉剂1000倍液喷雾防治，也可每亩喷施5%百菌清粉剂300g，或用25%百菌清可湿性粉剂500倍液进行喷雾防治。

（二）虫害及防治措施

蒲公英常见的虫害有3种，分别为蚜虫、蝼蛄、地老虎。

1. 蚜虫

又称蜜虫、腻虫等，属于同翅目蚜科，为刺吸式口器的害虫。常为害植物的嫩叶、嫩茎、花蕾等组织器官。蚜虫以刺吸式口器刺吸植株的茎、叶，尤其是幼嫩部位，吸取植物体内养分，造成叶片皱缩、卷曲、畸形，使植物生长发育迟缓，甚至枯萎死亡，常群居为害。蚜虫的分泌物不仅直接危害植物，而且还是病菌的良好培养基，从而诱发煤污病等进一步为害植物。

防治：可用50%辟蚜雾可湿性粉剂或水分散粒剂2000～3000倍液喷雾，也可用50%马拉硫磷乳油，或22%二嗪农乳油，或21%灭毙乳油3000倍液，或70%灭蚜松可湿性粉剂2500倍液喷雾防治。

2. 蝼蛄

蝼蛄为多食性害虫，喜食各种植物。蝼蛄成虫和若虫在土中咬食刚播下的种子和幼芽，或将幼苗根、茎部咬断，使幼苗枯死，受害的根部呈乱麻状。蝼蛄在地下活动，将表土穿成许多隧道，使幼苗根部透风和土壤分离，造成幼苗因失水干枯致死，缺苗断垄，严重的甚至毁种，使蒲公英大幅度减产。

防治：危害严重时可亩用5%辛硫磷颗粒剂1～1.5kg与15～30kg细土混匀后撒入地面并耕耙，或于定植前沟施毒土。

3. 地老虎

又名土蚕、切根虫，为多食性害虫，寄主多，分布广。全年中主要以春、秋两季发生较严重。地老虎低龄幼虫在植物的地上部为害，取食子叶、嫩叶，造成孔洞或缺刻。中老龄幼虫白天躲在浅表土穴中，晚上出洞取食植物近土面的嫩茎，使植株枯死，造成缺苗断垄，甚至毁苗重播，直接影响生产。此外，幼虫还可排出粪便，引起作物腐烂，从而影响产品质量。

防治：在种植蒲公英的地块提前1年秋翻晒土及冬灌，可杀灭虫卵、幼虫及部分越冬蛹；用糖醋液、马粪和灯光诱虫，清晨集中捕杀；将豆饼或麦麸5kg炒香，或用秕谷5kg煮熟晾至半干，再用90%晶体敌百虫（美曲膦酯）150g兑水将毒饵拌潮，亩用毒饵1.5～2.5kg，撒在地里或苗床上。

第三节　采收与加工技术

一、采收

（一）采收种子

蒲公英春季4～5月份开花，5～6月结籽。开花后种子成熟期短，15日左右种子即可成熟。选择根茎粗壮、叶片肥大的植株作为采种株。花盘外壳由绿色变为黄色，每个花盘种子也由白色变为褐色，即种子成熟，便可采收种子。种子成熟后，很快伴絮随风飞散，可以在花盘未开裂时抢收，这是种子采收成败

的关键。花盘摘下后，放在室内后熟1

日，待花盘伞部散开，再阴干1～2日。

待种子半干时，用手揉搓或用细柳条

轻轻抽打去掉冠毛，然后将种子晒干。

此外，采种时也可用专用设备采收，

如利用吸尘器采种，以提高工作效率。

秋季开花较少，一般不采收种子。图

3-1所示为蒲公英种子。

图3-1　蒲公英种子

（二）采收药材

蒲公英可以一次播种多茬收获，采收的最佳时期是在植株充分长足，个别

植株顶端可见到花蕾。

第一年收割1次或者不收割，可在幼苗期分批采摘外层大叶食用或用刀割

取心叶以外的叶片食用，一般出苗25日左右可对幼苗期进行收割或采摘，收割

后5日内不浇水，防止烂根。之后结合浇水及时补充土壤养分。自第二年起，

每隔15～20日割1次，当叶基部长至10～15cm时，可一次性整株割取，捆扎上

市。每年可收割2～4次，即春季1～2次，秋季1～2次。

蒲公英整株收获时用铁锹或尖刀深插地下，连根系挖起，然后起收。收割

时要保留地下根部，以长新芽；割大株，留中小株继续生长；也可掰取叶片，

头茬收后，要加强管理以待再收下一茬。

秋季采收时，当年不采收叶片，以促其繁茂生长，以利于第2年早春收获植株更粗壮。当蒲公英叶片达到10～15cm时，即可沿地表下1～2cm处平行下刀收割，平均每平方米产0.8～1.0kg。收割时注意保留地下根部，以长新芽；割大株，留中、小株，继续生长；也可在掰取叶片后，即头茬收割后，加强管理再收1～2茬。蒲公英植株生长年限越长，根系越发达，地上部分也越繁茂，生长速度越快。为提早上市，于春季化冻前20～30日初建小拱棚，采取地膜覆盖等措施。秋末冬初，浇1次透水，确保在第2年春较早萌发收获。

蒲公英若作为药材出售，可在晚秋采挖带根的全草，抖净泥土晒干，即可成为成品蒲公英。若以药用为目的收获全草时，可在春秋季植株开花初期挖取全株，收获肉质根，摘掉老叶，晒干以作药用，一般在播种后2～3年进行。若作蔬菜时，不收全株，在叶片长至30cm以上时可割叶片和在开花初期收割叶片，去掉烂损叶片，分级包装即可上市。

蒲公英在采收后，根部受损流出白浆，此期不宜浇水，以防烂根。但应加强施肥管理，以利于植株早日恢复生长势头，收获后可在行间开沟，追施尿素1次，施肥量为10kg/667m^2。此外，采收后可就地覆盖草苫等，防止风干；也可集中堆积于背阴处，然后再覆盖草苫等物，贮存，以备冬季温室生产使用。图3-2为采收的蒲公英药材。

图3-2 采收的蒲公英药材

二、加工技术

中药材采收后，绝大多数均需要趁鲜在产地及时进行加工。历史上最早用药均为鲜品。但随着中医药科学的进步和社会的发展，单纯依靠采集鲜药已不能满足需要，人们开始将鲜品晒干贮藏备用，这种晒干的方法是最早的药材加工方法。中药材在应用或制成剂型前，应进行必要的加工处理过程，即炮制、炮炙、修事、修治等。由于中药材大都是生药，多附有泥土和其他异物，或有异味，或有毒性，或潮湿不宜于保存等，在经过一定的炮制处理后，可以达到使药材纯净、矫味、降低毒性和干燥而不变质的目的。药房、药店、饮片厂、制药厂或患者对药材进行的再处理，则称为"炮制"。而在产地对药材的初步处理与干燥，称之为"产地加工"或"初加工"。

（一）产地加工技术

现行的产地加工技术是指取原药材，除去杂质，用水洗净，沥去水，稍晾，切段，干燥，过筛。

1. 去杂

去杂是清除混在蒲公英中杂质的净选方法，在去杂过程中要求除去非药用部位。需要除去混入的其他草树根及根茎，还要将根、茎、叶、花切开分类。

2. 清洗

清洗是除去蒲公英黏附的泥土等杂质的一种行之有效的方法。为了减少活性成分的损失，一般在蒲公英采收后，趁鲜水洗，再进行加工处理。此外，清洗后的蒲公英根、茎、叶、花要在沥净明水后立即加工，以防受到损伤的蒲公英各部分腐烂变质，从而影响蒲公英的药材质量。

3. 脱水

为避免湿切连刀、碎片问题，整理后经清洗的根、茎、叶、花要晾晒脱水，至半蔫时切片，脱水率以15%～20%为宜。

4. 切段

蒲公英往往要趁鲜时切成段，以利于干燥。当根条半蔫时用万能切药机切片，切片过程中要克服连刀和碎片问题，保证切刀的锋利并常换刀。

5. 干燥

干燥的目的是及时除去蒲公英新鲜药材部位的大量水分，避免发霉、虫蛀以及活性成分的分解和破坏，保证药材的质量，以有利于贮藏。干燥的方法有自然干燥法和人工加温干燥法。

（1）自然干燥法　即利用太阳的辐射、热风、干燥空气达到药材干燥目的的方法。其中，晒干为常用方法，是利用太阳光直接晒干，一般将蒲公英切段铺放在晒场或晒架上晾晒，是一种最简便、经济的干燥方法。晾干或阴干是将药材放置或悬挂在通风的室内或荫棚下，避免阳光直射，利用自然热风、干风进行干燥，使水分在空气中自然蒸发而干燥。此法水分散失缓慢，耗时费工，大量生产加工中不宜采用；此外，若遇阴雨天气，易引起蒲公英切片的发霉变质。

（2）人工加温干燥法　人工加温可极大缩短药材的干燥时间，而且不受季节及其他自然因素的影响。利用人工加温的方法使药材干燥，重要的是严格控制加热温度。根据加热设备不同，人工加热干燥法可分为炕干、烘干、红外干燥法等。现一般多用蒸汽进行烘干。具体方法有直火烘烤干燥、火炕烘烤干燥、蒸汽排管干燥（利用蒸汽热能干燥）、隧道式干燥（利用热风干燥）、火墙式干燥室、红外与远红外干燥、微波干燥、冷冻干燥设备等。

6. 吸尘吹屑

对晒干的蒲公英片用电动风车吸除灰尘，吹出碎屑，以达到药材干净的目的。

（二）传统炮制

蒲公英的炮制在古代就有很深的研究。《医学入门》："洗净，细锉用。"《寿世保元》："摘净，切。"《外科大成》："鲜蒲公英连根叶捣汁。"蒲公英净制始载于明代《医学入门》。元代有"烧灰"（《丹溪心法》）。清代有"炙脆存性；放瓦上炙枯黑，存性研末"（《外科证治全生集》）。传统的蒲公英炮制方法有以下4种。

1. 蒲公英粉

（1）蒲公英根粉　秋天挖蒲公英根，洗净后切成片，晾干，然后粉碎成粉。饮用时可单独冲服，也可取少量加入咖啡中制成蒲公英咖啡，其具有独特的清鲜味。长期饮用有促进消化的效果，可作为胃病患者的补助保健品。还可用其制成各种食品食用，如直接掺入各种原料中制成糕点、面点等。

（2）蒲公英叶、茎粉　蒲公英茎叶洗净，晾干，制作或细粉，也可加入原料制作面点等，对老人、儿童均有防病、保健作用。

（3）蒲公英花粉　腌制酱菜时加入少许，可增进食欲，还可在制果冻时加入，以增加其营养。

（4）蒲公英素粉 蒲公英1kg（干品），拣净杂质，洗净，切碎，置于大锅中，加清水10kg，煮1.5h，滤出汁液，加清水7kg，煮1h再滤出汁液。将两次汁液混合，静置24h，抽取上清液，用石灰水处理。方法是取生石灰块100~200g，加水浸没，待放出热量后再加水，不断搅动，使石灰成乳状，稍停。待石类小颗粒下沉后，取上层石灰乳慢慢倒入蒲公英汁液中，边倒边搅，调节pH达11~12，停止加石灰乳，继续搅拌20min，汁液中即析出大量黄绿色沉淀物。将汁液静置1h，抽去上清液，将沉淀物取出过滤，干燥，粉碎，过80目筛，即得蒲公英素粉（50~60g）。可装入胶囊或散剂服用，成年人每次服用量为0.5~1.0g，1日3次。可用于治疗乳腺炎、淋巴腺炎、支气管炎、扁桃体炎、感冒发烧等多种疾病。

2. 蒲公英块

蒲公英（干品）、防风、荆芥、面粉各1kg，板蓝根3kg，桔梗500g，清炙草300g。将防风、荆芥、桔梗、清炙草研成细粉，过40目筛后与面粉混合。取蒲公英、板蓝根加水至与药面平，煎煮过滤，药渣加水复煮，取液，挤压，过滤。取两次滤液混合，放锅内煎至4kg。冷却后与以上粉末拌匀。用茶模压成方块，晒干或烘干（60℃以下）即成。用于治疗感冒发烧、头痛畏寒、咽喉肿痛以及咳嗽等症。1日2次。每次1块，水煎代茶饮。

3. 蒲公英散

蒲公英（炒）、血余（洗净）、青盐（研）各200g。瓷罐1只，放入1层蒲公英、1层血余、1层青盐，用盐泥封固，夏腌3日，春秋5日，冬7日，以桑柴火煅烧，以烟净为度，冷却后取出碾成末即可。用于乌须生发，每次5g，清晨用酒调服。

4. 蒲公英酒

取干蒲公英全草600g（拣去杂质，清洗，切碎，晒干）、白酒1800ml、白砂糖100g，同放于大瓶中，密闭保存于阴暗处1年以上。去渣取酒饮用。可治疗气喘，有利尿、健胃、退火、化痰等功效。胃病患者每日饮1～2杯即可。

第四节　包装、贮藏与运输

一、包装

蒲公英药材的包装应满足以下条件：延长保质期；控制或不带来二次污染；保持原有成分和药效；包装成本要低；增加外观美感；贮藏、搬运方便、安全。同时中药材的包装还应当努力实现标准化、规范化和机械化。要求包装的类型、规格、容量、包装材料、容器的结构造型、承压力以及商品盛放、衬

垫、封装方法、检验方法等做到统一规定。无公害中药材作为中药材生产的方向，其在内在品质及栽培管理方面比传统中药的要求更为严格。同时无公害中药材的包装除符合上述包装的基本要求外，还须符合以下要求。

1. 包装材料选择的基本要求

（1）安全性　包装材料本身要无毒，不受环境干扰而释放有毒物质，不污染药材，以免影响人类的身体健康。

（2）可降解性　药材在消费完后，剩余的包装材料应具有降解性，其降解产物应无毒无害，不对人类健康造成威胁，不污染生态环境。

（3）可重复利用性　无公害中药在遵循可持续发展的原则下，要求药材被消费完以后，剩余的包装材料可重复使用，做到既节约资源，又可减少垃圾的产生，以减轻对环境的污染。

（4）稳定性　在保护药材期间，不受周围环境条件如空气、光、湿度、温度、微生物的影响；也不与被包装药材起任何反应，而改变药材功效。

（5）合法性　用于包装药材的材料，应由有关部门批准，并符合有关标准。否则不具合法性，不能使用。

2. 包装技术的选择

选择包装材料以后，在包装过程中也不能对中药材引入污染及对环境造成污染，应做到以下几点。

（1）包装环境条件良好，卫生安全。

（2）包装设备性能安全良好，不会对药材质量有影响。

（3）包装过程不对人类造成伤害，不污染环境。

（4）包装人员必须了解无公害中药材的包装原则，有较强责任心。患有传染病、皮肤病或外伤性疾病者不得参加工作。

（5）包装前应再次检查、清除劣质品及异物，包装材料最好是新的或清洗干净、干燥、无破损的。

（6）易破碎的中药材应装在坚固的盒箱内，剧毒、珍贵中药材应特殊包装，并贴上鲜明标志，加封。

二、贮藏

蒲公英肉质根的贮藏：应提前准备好贮藏窖，最好选择背阴地挖宽1～1.2m深1.5m（东西方向延长）的贮藏窖。将肉质根放入窖内，码好，高度不超过50cm。贮藏前期要防止温度过高而引起肉质根腐烂或发芽；贮藏后期要防冻。

包装后的蒲公英药材，需要进行一段时间的贮藏。贮藏时间较短时，只需选择地势高、干燥、凉爽、通风良好的室内，将药材堆放于托板上，以防潮。常用的贮藏方法有以下几种。

1. 冷藏法

是防治害虫及霉菌比较理想的办法，但需制冷设备。北方可利用冬季严寒季节，将药材薄薄摊晾于露天，温度在-15℃，经12h后，对防治病虫害有利。

2. 防潮贮藏法

将石灰等吸水材料置于贮藏中药材的室内，并不断更换吸水材料，使室内保持干燥。此法适于吸湿性强的中药材。

3. 气调贮藏法

密封仓库，充氮降氧，使库房内充满98%的氮气，害虫就窒息而死，而且库内中药材不会发霉变质、变色。气调贮藏法是一种科学而又经济的贮藏方法。

三、运输

蒲公英药材批量运输时，注意不能与其他有毒、有害、有异味的物品混装；运输工具或容器要清洁、整齐、干燥，还要注意防潮、防晒，并尽可能缩短运输时间；此外，各项规定应符合国家标准。

第4章

蒲公英特色
适宜技术

第一节　蒲公英温室大棚种植技术

一、大棚的选址与建造

蒲公英高抗病虫害，对温度、湿度、光照要求不十分严格，普通的设施即可满足其对环境的要求。大棚选址要求背风、向阳，土地平坦，土壤肥沃，有水源保障及良好的排水设施。

为充分利用棚内空间，方便人机操作，节约经济成本，拱棚中高为2.78m，跨度11m，肩高1.7m，拱棚梁与梁间距1.6m。由于蒲公英春夏秋都可种植，在种植前30日整地施肥杀虫灭菌后，搭建拱棚，盖膜固定备用。

二、施肥整地

在播种定植前可以进行一次人工除草，方法为整平深翻后的土地，全棚先浇一次透水，保持棚内温度达25～30℃，10日后棚内遍生小草，20日进行人工除草整地。在大棚内每667m²施入优质腐熟农家肥2500kg、过磷酸钙50kg、磷酸二铵20～25kg，然后深翻15～25cm，耙平做成南北走向的小低畦，畦宽1.2～2.0m，畦埂高5cm，畦面要求北高南低（落差10cm），以利于光照和浇水。

三、选种、播种、移栽

选择产量高、适应性强、抗病虫，且满足市场需要的蒲公英种子。

大棚蒲公英种植可以采用直播和育苗移栽的方法，详见本书第三章。

四、田间管理

出苗后要大量通风。通常是把大棚向阳面的塑料膜全部吊起来。为确保蒲公英优质高产，要有较好的肥水保障，蒲公英长到一叶一心时第1次施混合肥，即磷酸二铵与尿素按3∶1配制的混合肥，每667m^{2}用肥16.5kg。施肥后浇水（浇水用喷壶浇，浇透为止，以后视缺水情况适时浇水），原则是小水勤浇。三叶一心时第2次施肥，方法同上。在管理过程中，发现有杂草时要及时拔掉。正常生长期间每月浇水不超过1次。

早春季节要加强提温升温，盛夏季节要注意通风降温。一般在距春节50～60日时开始给大棚加温。有条件的地方可以用暖气取暖，早晚要盖草帘保温。大棚蒲公英盖膜时间在土壤结冻后，盖塑膜前10日要追肥浇水，每667m^{2}施尿素20kg。将萎蔫叶片割掉，可用作优质饲料添加剂或中药材出售。1～10日为解冻萌芽期，温度以控制在20～35℃为宜，此期萌发大量叶芽。10～25日为叶片速长期，温度控制在15～30℃，光线不要太强，尽量降低湿度，此期间

叶片可达30cm以上，单株可采割叶片200～300g，大株可超过600g。为延长采收期，通过遮光与通风降低棚内温、湿度，温度以3～10℃为宜。此时日光温室内温度要降至10～15℃，同时要适当降低土壤温度，防苗徒长。在间苗时要拔出畦中杂草。

五、病虫害防治

虫害主要是蚜虫、地老虎、蛴螬、潜叶蝇等。如有蚜虫危害，可用40%乐果乳剂1000倍液或21%灭杀毙乳油300倍液喷雾防治。对地老虎、蛴螬，采用杀虫剂喷雾效果非常好。对潜叶蝇，可用1.8%虫螨克1500～2000倍液进行防治。

六、采收

1月上旬开始采收上市，此时叶片已长至20～40cm，采收时间以早晨带露水、温度3～5℃最佳。

方法是一手握紧植株，另一手握锋利镰刀整齐割下。如植株太大，可用双手握紧，另一人帮助割下，抖掉黄叶、小叶，按250g一把扎紧，整齐排放于50cm×30cm×20cm、铺有保鲜膜的泡沫箱内，每箱净重5kg，压紧盖严，用胶条封闭，在冬季常温下整箱保鲜期可达10日以上。刀割的植株在采收后

15日内不要浇水以防烂根。一般蒲公英可收获5茬，每667m²可产蒲公英嫩叶3000～4000kg。

第二节　夏季播种育苗移栽技术

一、整地

蒲公英播种前，床土为配制好的营养土，应先作畦，畦宽80～90cm。在畦内开浅沟，沟距12cm，沟宽10cm。然后将种子播在沟内，播种后覆土，土厚0.3～0.5cm。播种时要求土壤湿润，如土壤干旱，在播种前2日浇透水。

二、育苗

6月下旬播种育苗，可以用干籽直接播种。为了使出苗快而整齐，也可提前3日用清水浸种20～24h后，再用清水清洗2～3遍，然后置于20℃左右处催芽2日即可播种（催芽期间每天应翻动种子3～4次，以利于出芽整齐，并用清水清洗1次）。若用5mg/ kg浓度的赤霉素液（即920），或1000mg/kg浓度的硫脲液浸种10～12h，再换清水浸种10～12h，经清洗2～3遍后再催芽，会收到更好的效果。每1m²播种量为20～30g，可获子苗约1.5万株。出苗前注意保湿（最好用

无纺布覆盖）、防雨和遮阴降温。

三、分苗

（一）配制营养土

营养土要求结构好（疏松、通气、透水），肥力高，即40%田土、40%腐熟马粪或草炭、10%优质粪肥、10%炉灰（混拌前均需过筛）和0.3%磷酸二铵。

（二）适时分苗

采用营养钵保护根系并养根，小苗长到2片真叶时（约播后25日）进行分苗，采用8cm×8cm的营养钵，每钵移1株，弱小的子苗也可每钵移2~3株。

四、夏季播种

蒲公英新型生产方法——夏季播种育苗法生产蒲公英，不仅克服了蒲公英传统生产方法在温室内占地时间长的问题，而且可以分期分批将营养钵中养好根的蒲公英置于温室中，进行立体栽培和多茬次栽培。

当小苗长到2片真叶时分苗于营养钵内，秋季于露地养根、积累营养，经几场霜冻后进入休眠，简易贮存，于冬季置于温室内进行生产，可取得很好的效果。这种方法不仅克服了蒲公英传统生产方法在温室内占地时间长的问题，而且可以分期分批将营养钵中养好根的蒲公英置于温室中，进行立体栽培和多茬栽培。室温白天25～30℃，夜间18～20℃，20日即可采收；白天20～25℃，夜间14～15℃，25日采收；白天20℃左右，夜间10℃左右，约30日采收。

五、生产管理

1. 肥水管理

蒲公英抗病抗虫能力很强，一般不需进行病虫害防治，田间管理的重点主要是肥和水，出苗后和分苗后根据土壤情况适当浇水，并及时清除杂草。

2. 叶面喷洒

9月中旬正是蒲公英的旺盛生长时期，可用富硒康0.1%的稀释液，进行叶面喷洒（1次）；冬季生产时，再于采收前10日喷洒1次，可大大提高产品的含硒量，达到人体适宜的吸收范围。

六、合理采收

蒲公英充分长足时，顶芽已由叶芽变成了花芽，此后不会再长出新叶，若不及时采收，花葶很快便会长出来，而影响产品的品质。采收的最佳时期是在植株充分长足、个别植株顶端可见到花蕾时。采收时先将植株连同土坨一块从营养钵中倒出，用刀在土坨顶以下2～3cm处将主根切断，将土抖净即可。

第三节　蒲公英的林下间种栽培技术

蒲公英是浅根系的地被植物，在水肥利用方面与果树的深根系可形成立体互补，以实现肥料的充分吸收利用，并减少营养元素的渗漏损失。因此，林下间种蒲公英可充分利用水土资源和光热资源，发挥植物群落的生态经济总体效益。这里以冀南山区为例加以介绍。图4-1为蒲公英与苹果树间种。

图4-1　蒲公英与苹果树间种

一、林地选择

林下栽培中药材的关键技术之一是林地的选择，应根据间作植物的耐阴性不同，选择适合中药材生长的林龄；如果林地郁闭度高，林下光照强度不能满足林下中药材对光合作用的需求，会影响产量的生长。蒲公英生长对光照有一定要求，不同光照强度对其叶片叶绿素含量、净光合速率以及品质都有一定的影响，在910μmol/（m²·s）光照强度下进行栽培，可提高光合效率和产品品质。故适宜在郁闭度0.6以下的幼龄林内间种。

二、整地播种

蒲公英抗逆性强，较耐旱，耐盐碱，耐瘠薄，对土壤条件要求不严格，但喜肥沃、湿润、疏松、有机质丰富、排水良好的砂质壤土。播前浇透水，施用腐熟的优质农家肥67.5t/hm²（4.5t/677m²），播前深翻地，整平耙细，做成畦，条播在畦面上按沟距25cm划开深1.5cm浅沟待播。

蒲公英种子无休眠期，在冀南山区4月初播种比较适宜。为了增加收益，提高产量，保证出苗整齐，可播前催芽，将种子放在湿润的器皿中，每天冲洗1次，保持温度20~25℃，2日后种子萌动时即可播种。将催芽的种子与湿润沙土拌匀播种于沟内，及时覆土2.5cm左右，稍加镇压即可。播种量0.5kg/667m²。种子也可不做处理，用常规方法将种子与沙土混合后待播，种子落地均匀，有利于出苗。如遇低温干旱，可扣膜保温保湿，出苗后及时除膜，防止烧苗。

注：1hm²=10000m²=15亩

三、苗期管理

播种后7～10日出苗（提前催芽的种子出苗较快）。蒲公英幼苗细小，要随时拔除杂草，当幼苗进入三叶期、六叶期和八叶期时，应结合中耕除草分别进行3次间苗，间苗时采用邻行错位的原则，充分利用光照和土地，避免遮阴。最后一次按株距12cm去除弱苗，留存壮苗。定苗后，追施尿素10kg/667m^2，磷酸二氢钾5kg/667m^2，结合追肥再浇水1次。蒲公英的抗逆性较强，田间管理的重点是清除杂草和肥水管理。保持土壤湿润和地力是蒲公英生长的关键。

四、采收

（一）地上部分采收

采收时，选大株，留中、小株继续生长，培育壮根，以便来年培育壮苗。食用蒲公英需要采收嫩叶上市，一般出苗25日左右可对幼苗期进行收割或采摘，分批采摘外层大叶食用或用刀贴地割取心叶以外的叶片食用。蒲公英作为药材时采收的最佳时期是在植株充分长足，由营养生长转向生殖生长时，个别植株顶端可见到花蕾时。此时叶芽已转变为花芽，植株不会再长出新叶。收割叶片的操作如上所述。收割后5日内不浇水，防止烂根，之后结合浇水及时补充土壤养分。

（二）地下部采收

蒲公英全株入药，对地下部采收一般在播种后2～3年进行。肉质根的收获应于上冻前完成，将肉质根挖起，摘掉老叶，晒干以作药用。

（三）种子采收

5～6月为蒲公英开花结籽期。开花后15日左右种子即可成熟，选择根茎粗壮、叶片肥大的植株作为采种株。采种时将花盘摘下，放室内后熟1日，待花序全部散开，再进行1～2日阴干过程，待种子半干时，用手揉搓或用细柳条轻轻抽打去掉冠毛，晒干备用。

第四节　长白山区参后地蒲公英栽培技术

参后地土质肥沃，整地简便，栽培蒲公英不用施肥，不用防治病虫害，该项目投入少、产出高，市场需求量大。在参后地种植蒲公英技术简单、投入少，操作方便，是参农利用参后地致富的一个好项目，发展前景十分广阔。

一、整地

起参后第二年春先将原来的参床翻土20cm，床面摊平，待翌年播种，然后再根据有关政策需要还林的在床面两侧植树，不需要还林的将来可架棚、扣

膜，以便蒲公英及时上市，提高产量。

二、播种和定植

春天雪化透后，土壤深5cm处温度高于5℃时播种。采用条播或撒播。条播的方法是：在床面上每隔10cm开1条2～3cm深的沟（以沟内见湿土为宜），将种子与细沙拌均匀撒于沟内，确保每1cm内有3粒种子，覆平土，轻轻踏实。撒播的方法是：用耙子耙土3～4cm深，再将种子均匀地撒在畦面上，确保每平方米有4000粒种子，然后再用耙子覆土。土壤湿度不够时，可在播前适当喷水。

三、田间管理

播后一般10～12日出苗，覆地膜，4～5日即可出苗，出苗率达80%以上。待小苗长出两片真叶时，适当间苗，每5cm内留3～4株壮苗。小苗定植成活率很高，达90%以上。要及时除草，加强水肥管理，由于蒲公英抗病虫害能力极强，一般不用防治。入秋后，蒲公英叶干枯，将枯叶取出，再取土覆于床面，约2cm厚。这样操作的目的是为了使蒲公英翌年春季重新萌发时，增加叶片长度，以提高品质。

四、采收

（一）采收药材

到第三四年时，蒲公英的根茎已粗壮了，在蕾期将全草挖出，择洗干净，晒干，即成药材。年亩产量达470kg左右。药材产收后，立即播新种，开始下一个周期的经营。如此循环经营，不仅减少耕种次数，而且投入少，产出高，经济效益十分可观。

（二）收获蔬菜

蒲公英茎叶再生能力强，可一次播种多茬收获。当叶片达到10～15cm时，即可沿地表下1～2cm处平行铲出。若铲得过浅，则散棵；铲得过深，影响新苗再发。铲后立即覆土2cm，稍微踏实，适量喷水保墒，保证新苗再发。待新苗出土后及时除草，加强管理，头茬收后，每年可再收1～2茬。照此管理方法，可循环经营3～4年。平均每茬叶片产量为600kg/667m^2，择洗干净可供直接食用或加工出售。

（三）采种

6～7月间，待种子成熟，冠毛张开时将花头摘下，在室内存放后熟1日，待花盘全部散开，再干1～2日，用手搓掉种子前端绒毛，至种子全部脱落为止，滤出种子，置于干燥处保存，待翌年春季播种。

第五节　蒲公英黄化绿化交替栽培技术

一、选地与整地

蒲公英对土地适应性很强，但作为蔬菜栽培要求有较高的产量和质量，最好选用肥沃、可灌溉的砂质壤土地。整地时，深翻25～30cm，每公顷施有机肥30 000～40 000kg，整细整平，做1.5m宽，2～4m长的低畦。为利于操作畦垄应稍高，方便搭拱棚架与覆盖遮光物。

二、播种

蒲公英在4～9月间均可播种。蒲公英种子无休眠特性，且生活力下降较快，最好选用5月下旬采收的新种作种子播种。可直播也可育苗移植。直播前浇足底水，按20cm行距开浅沟，开沟时不要紧靠畦垄，播后耙平地面即可，每667m²用种500g。育苗需做专门的育苗畦，浇足底水后撒播，每1m²用种5g，浅覆土一般在0.5cm以下，7～15日可出苗。

三、定植

当幼苗长到4片叶以上、10cm高时即可定植。用于软化栽培时，栽培密度可大于普通栽培方式，按20cm×20cm定植。定植后浇定植水，缓苗水，中耕锄草，蹲苗两周。

四、田间管理

直播苗在苗期要注意拔草，拔草可随间苗一同进行，共进行2～3次，按20cm×20cm定苗。定苗后中耕蹲苗。播种当年不进行黄化栽培也不采收叶片，以利于培育壮苗，积累蒲公英根部营养。追肥两次，一般以速效氮肥为主。

五、黄化绿化交替栽培

蒲公英播种第二年，在太谷地区三月下旬出苗，铭贤一号蒲公英生长迅速，在四月初，苗高已达20cm。此时可割掉一茬供应市场，茬口距地面3～5cm。收割后第二天，每个畦搭小拱棚架。拱棚架的高度应以拱棚距最靠畦垄的一行蒲公英的茬口为35cm以上为宜，并用黑色塑料薄膜覆盖。覆盖10日后蒲公英黄化叶片已长达20cm以上，较长的可达30cm，此时就可以收割上市了。收割后揭去覆盖物进行绿化栽培，以利于蒲公英根部吸收积累营养。当茬口愈合后及时浇水追肥。进行绿化栽培20日后，蒲公英地上部分已长到20cm以上，这时蒲公英叶片纤维含量少，口感较好可以收获。绿化结束后即完成了一个蒲公英黄化绿化交替栽培的周期，可以紧接着进行下一轮的黄化处理。方法同上。

蒲公英进行黄化绿化交替栽培时，处理时间可以灵活安排，以保证每天均可供应蒲公英黄化苗与绿色叶片。当覆盖物内最高气温达40℃以上时，不宜再用塑料膜作覆盖材料，可改用透气的覆盖物，如多层遮阳网等。铭贤一号蒲公英利用此方法每年可进行黄化绿化交替栽培3～5轮，最后一轮结束后可掰取幼嫩叶片上市，不宜再收割全株。如果是保护地栽培可增加轮次，周年生产，但同时也应增加绿化处理的时间以保证蒲公英根部积累有足够量的养分。

六、收获

如果合理安排处理方式，可以每日均有产品上市，黄化苗一般20～30cm时收获，绿色叶片可根据交替栽培的周期而定，收割应选晴天的早晨进行，这样有利于茬口的愈合。收割后按长度分级，去掉损烂叶片，包装上市。有资料显示，在进行了三轮的黄化绿化交替栽培后，测得平均每轮可获黄化苗1.2kg/m^2，可获蒲公英绿色叶片1.1kg/m^2。蒲公英黄化苗为乳黄色（图4-2），色泽鲜亮，纤维含量低，口感极佳。

图4-2　蒲公英黄化苗

铭贤一号巨大型蒲公英营养体巨大，生长迅速，药食兼用。经黄化处理后，口感更佳，可有效增加蒲公英的栽培效益。该方法操作简单，省去了传统囤栽的许多工序。在同时试验蒲公英的假植囤栽、水培囤栽和沙培囤栽等方法时，发现利用这些方法生产蒲公英黄化苗都存在着缺陷，蒲公英根部受损后极易腐烂，生产一至两茬后大部分根烂掉，无法再用于生产；而采用黄化绿化交替栽培的方法可有效地防止因进行黄化处理而造成蒲公英根部营养的大量损失而致死的现象。

铭贤一号巨大型蒲公英由于营养体巨大，是黄化处理的最佳品种。而其他栽培蒲公英由于个体较小，黄化处理后植株更小，包装、运输不便，产量很低。铭贤一号巨大型蒲公英黄化处理后叶片还可达33cm（图4-3），使蒲公英黄化栽培真正具有实用性和商业可操作性。

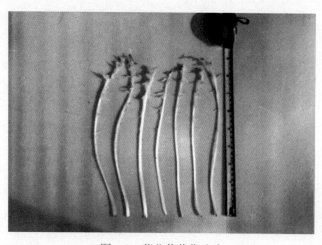

图4-3　蒲公英黄化叶片

第5章

蒲公英药材质量评价

第一节　本草考证与道地沿革

一、本草考证

（一）蒲公英本草考证

蒲公英为常用中药。始载于《新修本草》，原名蒲公草。云："叶似苦苣，花黄，断有白汁，人皆啖之。"《本草图经》云："蒲公草旧不著所出州土，今处处平泽田园中皆有之，春初生苗叶如苦苣，有细刺，中心抽一茎，茎端出一花，色黄如金钱，断其茎有白汁出，人亦啖之。俗呼为蒲公英。"《本草衍义》曰："蒲公草今地丁也，四时常有花，花罢飞絮，絮中有子落处即生，所以庭院间亦有者，益因风而来也。"《千金要方》其序云："余以贞观五年七月十五日夜，以左手中指背触着庭木，至晓遂患痛不可忍。经十日，痛日深，疮日高硕，色如熟小豆色。尝闻长者之论有此方，遂根据治之。手下则愈，痛亦除，疮亦即瘥，未十日而平复。"《本草纲目拾遗》曰："纲目蒲公英入柔滑类，归草部；今沙漠所产，人以作菜茹，故入菜部，亦各从其类也。"杨炎《南行方》亦着其效云。

《本草经疏》有："蒲公英味甘平，其性无毒。当是入肝入胃，解热凉血之要药。乳痈属肝经，妇人经行后，肝经主事，故主妇人乳痈肿乳毒，并宜生暖之良"。

《本草述》："蒲公英，甘而微余苦，是甘平而兼有微寒者也。希雍有曰：

甘平之剂点朗肝肾。昧此一语，则知其入胃而兼入肝肾矣，不然，安能凉血、乌须发，以合于冲任之血脏乎?即是思之，则东垣所谓肾经必用者，尤当推而广之，不当止以前所主治尽之也"。

《本草新编》："蒲公英，至贱而有大功，惜世人不知用之。阳明之火，每至燎原，用白虎汤以泻火，未免太伤胃气。盖胃中之火盛，由于胃中土衰也，泻火而土愈衰矣。故用白虎汤以泻胃火，乃一时之极宜，而不可恃之为经久也。蒲公英亦泻胃火之药，但其气甚平，既能泻火，又不损土，可以长服久服而无碍。凡系阳明之火起者，俱可大剂服之，火退而胃气自生。但其泻火之力甚微，必须多用，一两，少亦五、六钱，始可散邪辅正耳。或问，蒲公英泻火，止泻阳明之火，不识各经之火，亦可尽消之乎?曰，火之最烈者，无过阳明之焰，阳明之火降，而各经余火无不尽消。蒲公英虽非各经之药，而各经之火，见蒲公英而尽伏，即谓蒲公英能消各经之火，亦无不可也。或问，蒲公英与金银花，同是消痈化疡之物，二物毕竟孰胜?夫蒲公英止入阳明、太阴二经，而金银花则无经不入，蒲公英不可与金银花同于功用也。然金银花得蒲公英而其功更大"。

《医林纂要》："蒲公英点能化热毒，解食毒，消肿核，疗疔毒乳痈，皆泻火安上之功。通乳汁，以形用也。固齿牙，去阳阴热也。人言一茎两花，高尺许，根下大如拳，旁有人形拱抱，捣汁酒和，治噎膈神效。吾所见皆一茎一花，亦鲜高及尺者，然以治噎膈"。

《本草求真》:"蒲公英,入阳明胃、厥阴肝,凉血解热,故乳痈、乳岩为首重焉。缘乳头属肝,乳房属胃,乳痈、乳岩,多因热盛血滞,用此直入二经,外敷散肿臻效,内消须同夏枯、贝母、连翘、自英等药同治。"

《本草正义》:"蒲公英,其性清凉,治一切疔疮、痈疡、红肿热毒诸证,可服可敷,颇有应验,而治乳痈乳疗,红肿坚块,尤为捷效。鲜者捣汁温服,干者煎服,一味亦可治之,而煎药方中必不可缺此。"

《唐本草》:"主妇人乳痈肿"。

《本草图经》:"敷疮,又治恶刺及狐尿刺"。

《本草衍义补遗》:"化热毒,消恶肿结核,解食毒,散滞白"。

《滇南本草》:"敷诸疮肿毒,疥癞癣疮;祛风,消诸疮毒,散瘰疬结核;止小便血,治五淋癃闭,利膀胱"。

《纲目》:"乌须发,壮筋骨"。

《医林纂要》:"补脾和胃,泻火,通乳汁,治噎膈"。

《纲目拾遗》:"疗一切毒虫蛇伤"。

《随息居饮食谱》:"清肺,利嗽化痰,散结消痈,养阴凉血,舒筋固齿,通乳益精"。

《岭南采药录》:"炙脆存性,酒送服,疗胃脘痛"。

《山东中药》:"为解毒、消炎、清热药。治黄疸,目赤,小便不利,大便秘结"。

《常用中草药手册》："清热解毒，凉血利尿。治疗疮，皮肤溃疡，眼疾肿痛，消化不良，便秘，蛇虫咬伤，尿路感染"。

《上海常用中草药》："清热解毒，利尿，缓泻。治感冒发热，扁桃体炎，急性咽喉炎，急性支气管炎，流火，淋巴腺炎，风火赤眼，胃炎，肝炎，骨髓炎"。

《本草新编》："蒲公英，味苦，气平。入阳明、太阴。溃坚肿，消结核，解食毒，散滞气"。

在介绍可供食用野生植物的救荒类和食用类本草中多有蒲公英食用的记述。明《救荒本草》菜部中，载有孛孛丁菜。"又名黄花苗。生田野中，苗初塌地生，叶似苦苣菜，微短小，叶丛中间蹿葶，梢头开黄花，茎叶折之皆有白汁，味微苦。救饥：采苗叶熟，油盐调食。"《野菜谱》中有载："救饥名蒲公英。四时皆有，惟极寒天，小而可食，采之熟食。"明《野生博录》所载孛孛丁菜及黄花苗及其附图均指蒲公英。

二、道地沿革

蒲公英是我国重要的道地药材之一。野生蒲公英在全国各地均有分布。关于蒲公英的产地记载最早始于《唐本》，唐本注云："生平泽田园中，四月、五月

采之。"《本草图经》曰："蒲公草旧不著所出州土，今处处平泽田园中皆有之。"

《本草纲目》中亦有"地丁，江之南北颇多。他处亦有之，岭南决无，小科布地，四散而生，茎、叶、花、絮并似苦苣，但小耳。嫩苗可食"的说法。

《本草新编》曰："或问蒲公英北地甚多"。

《本草述钩元》曰："一名耩耨草。即黄花地丁。江之南北颇多。他处亦有。岭南绝无。"（江指长江；唐代岭南范围较大是指广东、广西、海南全境；北地，指中国古代地名北地郡，其地域大致在今陕西、甘肃、宁夏一带）。

新中国成立后，蒲公英逐渐在我国其他地方开始大量种植，在我国南方地区如广州、上海、四川等地也开始栽培。随着蒲公英用量的大幅度增加，我国大多数地区逐渐开始种植蒲公英，以满足药用需求。

第二节　蒲公英的药用性状与鉴别

一、药材

本品为菊科植物蒲公英*Taraxacum mongolicum* Hand.–Mazz.、碱地蒲公英*Taraxacum borealisinense* Kitag.或同属数种植物的干燥全草。春至秋季花初开时采挖，除去杂质，洗净，晒干。

【性状】　本品呈皱缩卷曲的团块。根呈圆锥形，多弯曲，长3～7cm；表面棕褐色，抽皱；根头部有棕褐色或黄白色的茸毛，有的已脱落。叶基生，多皱缩破碎，完整叶片呈倒披针形，绿褐色或暗灰色，先端尖或钝，边缘浅裂或羽状分裂，基部渐狭，下延呈柄状，下表面主脉明显。花茎1至数条，每条顶生头状花序，总苞片多层，内面一层较长，花冠黄褐色或淡黄白色。有的可见多数具白色冠毛的长椭圆形瘦果。气微，味微苦。

【鉴别】　（1）本品叶表面观：上下表面细胞垂周壁波状弯曲，表面角质纹理明显或稀疏可见。上下表皮均有非腺毛，3～9列细胞，直径17～34μm，顶端细胞甚长，皱缩呈鞭状或脱落。下表皮气孔较多，不定式或不等式，副卫细胞3～6个，叶肉细胞含细小草酸钙结晶。叶脉旁可见乳汁管。根横切面：木栓细胞数列，棕色。韧皮部宽广，乳管群断续排列成数轮，形成层成环，木质部较小，射线不明显；导管较大，散列。薄壁细胞含菊糖。

（2）取本品粉末1g，加甲醇20ml，加热回流30min，滤过，滤液蒸干，残渣加水10ml使溶解，滤过，滤液用醋酸乙酯振摇提取2次，每次10ml，合并醋酸乙酯液，蒸干，残渣加甲醇1ml使溶解，作为供试品溶液。另取咖啡酸对照品，加甲醇制成每1ml含0.5mg的溶液，作为对照品溶液。照薄层色谱法（附录ⅥB），吸取上述两种溶液各6μl，分别点于同一硅胶G薄层板上，以醋酸丁酯-甲酸-水（7：2.5：2.5）的上层溶液为展开剂展开，取出，晾干，置紫外光灯

（365nm）下检视。供试品色谱中，在与对照品色谱相应的位置上，显相同颜色的荧光斑点。

【检查】　水分　不得过13.0%（通则0832第二法）。

【含量测定】　照高效液相色谱法（通则0512）测定。

色谱条件与系统适用性试验　以十八烷基硅烷键合硅胶为填充剂；以甲醇–磷酸盐缓冲液（23∶77，即取磷酸二氢钠1.56g，加水使溶解成1000ml，再加1%磷酸溶液调节pH至3.8～4.0，即得）为流动相；检测波长为323nm；柱温40℃。理论板数按咖啡酸峰计算应不低于3000。

对照品溶液的制备　取咖啡酸对照品适量，精密称定，加甲醇制成每1ml含30μg的溶液，即得。

供试品溶液的制备　取本品粗粉约1g，精密称定，置50ml具塞锥形瓶中，精密加5%甲酸的甲醇溶液10ml，密塞，摇匀，称定重量，超声处理（功率250W，频率40kHz）30min，取出，放冷，再称定重量，用5%甲酸的甲醇溶液补足减失的重量，摇匀，离心，取上清液，置棕色量瓶中，即得。

测定法　分别精密吸取对照品溶液10μl与供试品溶液5～20μl注入液相色谱仪，测定，即得。

本品按干燥品计算，含咖啡酸（$C_9H_8O_4$）不得少于0.020%。

二、饮片

【炮制】　除去杂质，洗净，切段，干燥。

　　本品为不规则的段。根表面呈棕褐色，抽皱；根头部有棕褐色或黄白色的茸毛，有的已脱落。叶多皱缩破碎，绿褐色或暗灰绿色，完整者展平后呈倒披针形，先端尖或钝，边缘浅裂或羽状分裂，基部渐狭，下延呈柄状。头状花序，总苞片多层，花冠黄褐色或淡黄白色。有时可见具白色冠毛的长椭圆形瘦果。气微，味微苦。

【检查】　水分　同药材，不得过10.0%。

【浸出物】　照醇溶性浸出物测定法（通则2201）项下的热浸法测定，用75%乙醇作溶剂，不得少于18.0%。

【鉴别】【含量测定】　同药材。

【性味与归经】　苦、甘，寒。归肝、胃经。

【功能与主治】　清热解毒，消肿散结，利尿通淋。用于疔疮肿毒，乳痈，瘰疬，目赤，咽痛，肺痈，肠痈，湿热黄疸，热淋涩痛。

【用法与用量】　10～15g。

【贮藏】　置通风干燥处，防潮，防蛀。

【备注】　（1）对热毒所致的乳痈肿痛、疔疮有良好的效果，可单独煎汁内

服，或外敷局部；也可配合其他清热解毒药同用，如银花、连翘、地丁草、野菊花、赤芍等。治肺痈可用蒲公英配合清肺祛痰及清热解毒药物如鲜芦根、冬瓜子、鱼腥草、桃仁、黄连等同用。

（2）蒲公英功能为清热解毒、消肿散结。在过去一般仅用于乳痈、疮肿。近年来本品在临床上广泛使用，已发现它除了有良好的清热解毒作用之外，尚有利尿、缓泻的功效。不仅可用于外科疮痈，且可用于治内科疾患。服用配金银花、鱼腥草，可用于痰热郁肺；配板蓝根，可用治咽喉肿痛；配忍冬藤、车前草，可用治小便热淋；配决明子、黄菊花，可用治目赤肿痛；配栀子、茵陈，可用治湿热黄疸；配栝楼、贝母，可用治乳痈红肿；配银花、紫花地丁、野菊花、可用于疔疮肿毒；配夏枯草、牡蛎，可用于瘰疬痰核。

第三节　蒲公英的质量评价

一、蒲公英中咖啡酸、绿原酸、阿魏酸含量测定方法的建立

鉴于中药材所含成分的复杂性，多指标成分的含量测定已经成为评价中药材质量标准的发展趋势。与单一指标成分的测定相比，多指标成分能更全面地反映药材的内在质量，并有助于提高质量标准的专属性。现代药学研究表明，

蒲公英含有多种活性成分，如咖啡酸、绿原酸、阿魏酸、黄酮类、倍半萜内酯、香豆素类、脂肪酸类、皂苷类、多糖等。其中咖啡酸和绿原酸具有明显的抑菌作用，阿魏酸具有抗菌消炎、抗病毒、抗氧化等药理作用。目前，对于蒲公英药材及其制剂有效成分的提取及含量测定，多采用高效液相色谱法及紫外分光光度法。高效毛细管电泳法是近年来迅速发展起来的一种新技术，具有高效、低耗、快速、环保、经济等优点，其分离模式多样化，适宜对成分复杂的中药及其制剂进行分析。晏媛等采用高效毛细管电泳法测定蒲公英中咖啡酸的含量。为提高蒲公英质量控制的客观性和专属性，采用高效毛细管电泳法建立了在同一电泳条件下，同时测定蒲公英中咖啡酸、绿原酸、阿魏酸3种有机酸类成分含量的方法。该法减少了样品的操作步骤和系统的操作误差，较单独测定各指标成分的方法更简便、准确、实用。

具体方法如下。

电泳条件：电压18kV；压力进样0.5psi（即3.447kPa）；进样时间5s；检测波长325nm；温度25℃；硼砂浓度20mmol/L（1mol/L NaOH调pH 9.55）。

对照品溶液的制备：精密称取咖啡酸、绿原酸、阿魏酸对照品适量加70%甲醇溶解并制成浓度为0.0976、0.0848、0.0054mg/ml的溶液，摇匀，作为对照品贮备液。

供试品溶液的制备：取蒲公英细粉1g，精密称定，加入40ml 80%乙醇，水

浴回流1.5h，滤过，滤液蒸干，残渣加水15ml使溶解，滤过，滤液用乙酸乙酯振摇萃取4次，每次15ml，合并乙酸乙酯液，蒸干，残渣用70%甲醇定容至10ml量瓶中，摇匀，用0.45μm微孔滤膜过滤，即得。

测定法：按照最佳提取工艺条件，制备供试品溶液，在最优电泳条件下，依法测定，即得。

本方法简便、易行、稳定、可靠，适用于蒲公英咖啡酸、绿原酸、阿魏酸的含量测定。

二、蒲公英中总黄酮含量测定方法的建立

蒲公英含有多种活性成分，如蒲公英甾醇、蒲公英苦味素、黄酮类、咖啡酸、绿原酸和多糖等。蒲公英总黄酮对宛式拟青霉菌和枯草杆菌具有良好的抑菌作用，并具有重要的抗氧化作用，能有效清除超氧阴离子自由基，具有抗炎、提高机体免疫力、抗自由基、抗氧化、抗病毒等作用。为了进一步开发利用蒲公英资源，提高对黄酮类成分的有效利用率，有资料显示，以总黄酮的含量为考察指标，采用超声提取正交试验设计对蒲公英中总黄酮的提取工艺进行了研究，最终确定了最佳提取工艺，并对河南不同产地蒲公英中总黄酮的含量进行了测定，为蒲公英药材质量控制提供了依据。

蒲公英总黄酮含量测定的方法如下。

对照品溶液的制备：精密称取芦丁对照品10.90mg置于25ml容量瓶中，加5ml甲醇溶解，蒸馏水定容至刻度，即得0.218mg/ml的对照品溶液。

供试品溶液的制备：取蒲公英粉末（80目）约1g于具塞锥形瓶中，加20ml甲醇，称重，温度70℃，超声提取10min，放冷，补足重量。过滤至锥形瓶中，用吸量管吸取3ml置于25ml容量瓶中，加蒸馏水至刻度，混匀，备用。

测定法：精密吸取不同批次供试品溶液3ml，分别置于25ml容量瓶中，各加蒸馏水至6ml，加5%亚硝酸钠溶液1ml后放置6min，加10%三氯化铝溶液1ml放置6min，再加4%氢氧化钠试液10ml，蒸馏水定容至刻度，混匀，放置15min，随行试剂作空白，于510nm波长处测定吸光度。从标准曲线上读出供试品溶液中含无水芦丁的重量（mg），计算，即得。

方法学考察结果：得回归方程，$y=8.8426x-0.0002$，$r^2=0.9998$，线性范围为0.008～0.053mg/ml。平均回收率为101.8%。本品按干燥品计，含总黄酮以无水芦丁（$C_{27}H_{30}O_{16}$）计，不得少于3.2%。

三、蒲公英品质研究

蒲公英药材呈皱缩卷曲的团块。根呈圆锥状，多弯曲，长3～7cm；表面棕褐色，抽皱；根头部有棕褐色或黄白色的茸毛，有的已脱落。叶基生，多皱缩破碎，完整叶片呈倒披针形，绿褐色或暗灰绿色，先端尖或钝，边缘浅裂或羽

状分裂，基部渐狭，下延呈柄状，下表面主脉明显。花茎1至数条，每条顶生头状花序，总苞片多层，内面一层较长，花冠黄褐色或淡黄白色。有的可见多数具白色冠毛的长椭圆形瘦果。气微，味微苦。

叶表面上下表皮细胞垂周壁波状弯曲，表面角质纹理明显或稀疏可见。上下表皮均有非腺毛，3～9列细胞，直径17～34mm，顶端细胞甚长，皱缩呈鞭状或脱落。下表皮气孔较多，不定式或不等式，副卫细胞3～6个，叶肉细胞含细小草酸钙结晶。叶脉旁可见乳汁管。

根横切面有木栓细胞数列，棕色。韧皮部宽广，乳管群断续排列成数轮。形成层成环。木质部较小，射线不明显；导管较大，散列。

四、蒲公英药材CZE-DAD指纹图谱研究

中药指纹图谱质量控制技术是对中药进行整体、宏观分析的有效手段，其中应用最多是HPLC指纹图谱。但中药提取物因其成分复杂、杂质较多，常污染色谱柱，并且消耗大量有毒的有机溶剂，致使HPLC指纹图谱法分析成本高且污染环境；而毛细管电泳法因其高分离效率、高速度、低消耗、无污染、柱效高等优点，正成为检测中药指纹图谱的又一重要技术，是一种值得十分重视的绿色分析方法，尤其在中药有效成分分析及指纹图谱研究方面具有显著的优势。

使用毛细管电泳法现已确定了11个共有峰，与前人采用高效液相色谱法对

蒲公英药材进行指纹图谱研究，确定了9个共有峰相比，毛细管电泳法以试剂

用量小、分析速度快、分离度好、灵敏度高、精密度、重复性均较好且毛细管

柱易清洗、试验成本低、节能环保等特点优于高效液相色谱法，是一种绿色化

学分析方法，且分离模式多样化，更适用于中药有效成分含量测定及指纹图谱

的研究。

第6章

蒲公英现代研究与应用

第一节　蒲公英的化学成分

蒲公英化学成分复杂，主要含有色素类、三萜类、植物甾醇类、黄酮类、倍半萜内酯类、挥发油类、香豆素类、酚酸类、脂肪酸类等物质，此外还含有胆碱、果糖、维生素、蛋白质、矿物质、氨基酸、果胶等。近年来，国外学者先后从蒲公英中分得8种三萜类化合物、10种胡萝卜素、7种甾醇、4种倍半萜内酯类、20种黄酮以及香豆素、酚酸类、多种脂肪酸。有学者在蒲公英中检测出66种微量元素。

1. 黄酮类

1985年Wolbis Maria等对蒲公英花进行色谱分析，从中检出20种黄酮，鉴定了其中的10种，分别为槲皮素（quercetin）、木犀草素（luteolin）、木犀草-7-O-β-D-葡萄糖苷（luteolin-7-O-D-glucoside）、槲皮素-7-O-β-D-葡萄糖苷（quercetin-7-O-β-D-glucoside）、异鼠李素-3-O-β-D-葡萄糖苷（isorhamnetin-3-O-β-D-glucoside）、异鼠李素-3，7-O-β-D-双葡萄糖苷（isorhamnetin-3，7-O-β-D-diglucoside）、木犀草素-4′-O-β-D-葡萄糖（luteolin-4′-O-β-D-glucoside）、木犀草素-7-O-β-D-芸香糖苷（luteolin-7-O-β-D-rutinoside）、木犀草素-7-O-β-D-龙胆二糖苷（luteolin-7-O-β-

D-gentiobioside）、木犀草素-3′-O-β-D-葡萄糖苷（luteolin-3′-O-β-D-glucoside）。蒲公英中黄酮的含量约为1.35%，以luteolin的含量最高，曾有报道称蒲公英的药用作用就是基于其含有的黄酮成分。

凌云等对国内的蒲公英进行了化学成分研究，从中分离得到了9个黄酮类化合物，分别是木犀草素（luteolin）、香叶木素（diosmetin）、芹菜素（apigenin）、芹菜素-7-O-β-D-葡萄糖苷（apigenin-7-O-β-D-glucoside）、芸香苷（rutoside）、槲皮素-3-O-β-D-葡萄糖苷（quercetin-3-O-β-D-glucoside）、槲皮素-3-O-β-D-半乳糖苷（quercetin-3-O-β-D-galacoside）、槲皮素（quercetin）、木犀草素-7-O-β-D-葡萄糖苷（luteolin-7-O-β-D-glucoside）。

2. 酚酸类物质

从蒲公英中分离出来的酚酸类物质主要有对羟基苯甲酸（4-hydroxybenzoic acid）、对羟基苯乙酸（4-hydorxyphenylacetic acid）、原儿茶酸（protocatechuic acid）、香荚兰酸（vanillic acid）、对香豆酸（p-coumaric acid）、咖啡酸（caffeic acid）、阿魏酸（ferulic acid）。Wolbis等从蒲公英中分离得2, 4-二羟基苯甲酸（2, 4-dihydroxybenzoic acid）、丁香酸（syringic acid）。Willimas等从蒲公英花中分离得到三个酚酸：绿原酸（chlorogenic acid）、菊苣酸（cichoric acid）和单咖啡酒石酸（monocaffeoyltartaric acid）。国内学者施树云等也报道了此类的化合物，并首

次从蒲公英中分离出mongolicumin A和rufescidride。周小平等通过高效液相色谱

法测定蒲公英中绿原酸的含量，铁峰等采用RP-HPLC对蒲公英叶及根中咖啡酸

的含量进行了测定。

3. 三萜类

蒲公英的根中富含五环三萜类成分。它们是蒲公英甾醇（taraxasterol）、伪

蒲公英甾醇（φ-taraxasterol）。伪蒲公英甾醇乙酸酯（φ-taraxasteryl acetate）。

蒲公英赛醇（taraxerol），伪蒲公英甾醇棕榈酸酯（φ-taraxasteryl palmitate），β-

香树脂醇（β-amyrin）。Zimmermann从花中分离得到山金车烯二醇（arnidiol），

亦属于五环三萜类化合物。从日本蒲公英Z. japaonicum Koidz的根中分离得到

蒲公英甾醇（taraxasterol），α-香树脂醇（α-amyrin），羽扇豆醇（lupeol）和两

个新化合物新羽扇豆醇（neolupeol）和蒲公英羽扇豆醇（tarolupeol）以及这些

醇的乙酸酯。

4. 色素类

蒲公英的花中含有大量的四萜色素，以叶黄素环氧化物（lutein epoxide）

为主，如菊黄素（chrysan-themaxanthin）、毛茛黄素（flavoxanthin）、新叶

黄素（neoxanthin），还有叶黄素（lutein）、堇菜黄素（vio-laxanthin）、叶绿

醌（plasmoguinone）、蒲公英黄素（taraxanthin）及其酯。后来发现蒲公英

黄素同时存在顺式和反式两个异构体；花瓣中有隐黄素（crypto-xanthin）和

叶黄素（lutein）及其他的环氧化物：玉蜀黍黄素（zeaxanthin）、花药黄质（antheraxanthin）、堇菜黄素（violaxanthin）、新叶黄素（neoxanthin），这些化合物多半与一些常见的饱和脂肪酸形成单酯或双酯。

5. 植物甾醇类

蒲公英的根中含有蒲公英甾醇（taraxasterol）、蒲公英赛醇（taraxerol）、φ-蒲公英甾醇（φ-taraxasterol）、β-香树脂醇（β-amyrin）、豆甾醇（stigamasterol）、β-谷甾醇（β-sitosterol）、菊糖（inulin）、胆碱（choline）、对羟基苯乙酸（4-hydroxyphenylacetic acid）、咖啡酸（caffeic acid）、棕榈酸（palmitic acid）、蜡酸（cerotic acid）、蜂蜜酸（melissic acid）、油酸（oleic acid）、亚油酸（linoleic acid）、亚麻酸（α-linolenic acid）、苦味素B（taraxacerin B）、苦味素P（taraxacin P）、果糖（fructose）及少量挥发油和苦杏仁酶类成分，和树脂（4%）、橡胶（3%）；又分得一个酰化丁内酯苷-蒲公英苷。而且从 *T. officinale* 的花粉中分离得β-谷甾醇（β-sitosterol）、7-豆甾醇（7-stigmasterol）、花粉烷甾醇（pollinastanol），从根部得到β-谷甾醇和豆甾醇（stigmasterol），花中分离出β-谷甾醇和β-香树脂醇，全草中分出β-谷甾醇和β-谷甾醇-β-D-葡萄糖苷，叶中含菜油甾醇（campestrol）和环木菠萝烯醇（cycloartenol）。

蒲公英生产加工适宜技术

6. 倍半萜内酯类

1980年，德国学者Rudolf Hansel等同Jia Tung Huang合作，从蒲公英中分离出四种化合物，分别是四氢日登内酯、蒲公英内酯-β-D-葡萄糖苷、11，13-二氢蒲公英-β-D-吡喃葡萄糖苷和蒲公英酸-β-D-吡喃葡萄糖苷。通过理化数据及测定核磁共振（NMR），确定了它们的结构，并发现其中3个成苷物质，均具有强烈的苦味，并具有很强的致敏活性。Katrin Schutz也报道了从蒲公英分离出这四种化合物。在蒲公英的根中分离出了对羟基苯乙酸酰化的γ-丁内酯葡萄糖苷即蒲公英苷（taraxacoside）。最近，Wanda Kisiel等人又从蒲公英中分离出了11个倍半萜内酯类物质。

7. 香豆素类

1981年前苏联学者从蒲公英地上部分提取得到东莨菪素（scopoletin）和七叶内酯（esculetin）；1985年波兰学者也分离得到这两种物质，并在1993年得到一种新的香豆素（umbelliferone）；2008年中国学者也从蒲公英中分离出此化合物，并从蒲公英中发现两个香豆素苷：野莴苣苷（cihcoriin）和七叶灵（esuclin），根中含有香豆雌酚（coumestrol）。

8. 脂肪酸类

蒲公英含有多种脂肪酸。1962年，Salah Eldin F. AIi等分离出肉豆蔻脂酸（myristic acid）、硬脂酸（stearic acid）、棕榈酸（palmitic acid）、油酸（oleic acid）、次亚麻仁油酸（linolenic acid）和亚油酸（linoleic acid）。前苏联学者还

用色谱方法分离出棕榈油酸（palmitoleic acid），德国学者Meyer V.等检出一种

植物生长调节剂茉莉酮酸（jasmonic acid）。

9. 其他成分

蒲公英中还含有挥发油、叶绿醌（plastoquinone）、考迈斯醇

（coumestrol）、叶酸（folic）、菊糖（inulin）、果糖（fructose）、蔗糖

（sucrose）、葡萄糖（glucose）、多种氨基酸和蛋白质。在蒲公英中共检测出66

种微量元素，有12种元素含量较高，其中含有Cu、Zn、Fe、Mn、Mo这5种必

需微量元素，蒲公英中还含有大量的Ca、Na、K，以及VC、VB$_1$、VB$_2$等。

第二节　蒲公英的药理作用

近年来国内外对蒲公英的药理作用进行了大量研究，主要集中在抗炎、抗

氧化、抗癌、抗高血糖、抗血栓形成、抗菌、抗真菌、抗病毒、抗胃损伤、利

胆保肝等方面。

1. 抗炎

蒲公英在各国的民间医药中常被用做抗炎剂，这在现代药理研究中已得

到了证实。民间曾将蒲公英作为抗炎剂。脑缺血时体内出现严重的炎症反

应，而一氧化氮是一种重要的炎症介质，在体内主要由诱导型一氧化氮合成酶（iNOS）和环氧合酶-2（cyclooxygenase-2，COX-2）催化生成，故抑制iNOS和COX-2的表达是预防炎症的重要手段。蒲公英能降低脂多糖诱导的炎症细胞中iNOS和COX-2表达，阻止有丝分裂原激活蛋白激活，且存在剂量依赖性。蒲公英多糖能调节炎症反应，减轻氧化应激而起到保肝作用。蒲公英水提液可有效抑制脂多糖诱导的小鼠急性肺损伤炎症，可保护肺损伤。蒲公英体外抗炎作用可能与其抑制巨噬细胞促炎因子的基因表达有关。

李景华等研究发现，蒲公英可用于治疗上呼吸道感染、肠胃炎、肝炎、急性扁桃腺炎、肺炎、盆腔炎、急慢性阑尾炎等多种炎症，并可预防感冒。蒲公英叶提取物对中枢神经系统具有抗炎活性。另外，蒲公英叶有疏通乳腺管阻塞，促进乳汁分泌的作用。其提取液一定浓度下还可抑制结核杆菌，杀死钩端螺旋体，对多数皮肤真菌亦有抑制作用。

2. 抗氧化

蒲公英的抗氧化活性物质主要是黄酮类成分，其具有清除活性氧和减轻自由基对机体损伤的作用。黄酮类含有多酚结构，遇到活性氧自由基时，容易丢失酚羟基上的氢，且具有直接清除或者淬灭O^{2-}、$\cdot OH$、H_2O_2等活性氧自由基的作用。蒲公英中绿原酸、β-环糊精和白芨多糖包合物可有效清除O^{2-}、$\cdot OH$，抑制猪油过氧化值与酸价的增加。研究证实，蒲公英多糖具有清除$\cdot OH$、

DPPH· 的效果，且随浓度增加而增加。蒲公英总黄酮具有体外直接去除超氧阴离子的作用。提高缺血后超氧化物歧化酶、谷胱甘肽过氧化物酶水平，增强脑组织对氧自由基的清除，对于保护受损脑组织有着重要的意义。

3. 抗肿瘤

蒲公英热水提取液有一定抗突变作用，且与给药时间有一定关系，可安全用于临床肿瘤治疗。吴小丽在研究蒲公英提取物的抗肿瘤作用中，采用HPeG2肝癌移植瘤模型及肝癌细胞MMC-7721体外培养，观察不同浓度蒲公英提取物对体内肿瘤生长及体外细胞增殖的抑制作用。结果显示0.6g/kg、1.2g/kg蒲公英提取物可提高荷瘤小鼠的胸腺指数，3.6g/kg蒲公英提取物能明显抑制体内瘤块的生长，抑制率达37.07%。体外实验中随着蒲公英提取物浓度的增加和时间的延长，对肝癌细胞生长的抑制效应逐渐增强，有良好的剂量–时间–反应关系。

4. 降血糖、降血脂

蒲公英水提取物具有降低正常及致病大鼠餐后血糖的作用，还可降低血清三酰甘油，有效升高高密度脂蛋白。Hussain等体外测试了药用蒲公英乙醇提取物对NS-1细胞释放胰岛素的影响，使用格列本脲作对照，在5.5mmol/L葡萄糖存在情况下，提取物以1.40g/ml的浓度处理细胞。结果在40g/ml时，观察到药用蒲公英提取物有促进胰岛素分泌的活性。Petlevski等证明了含9.7%蒲公英苦素的药用蒲公英具有抗高血糖的功效。Cho等观察到用药用蒲公英叶提取物处理链脲佐菌素诱导的糖尿病小鼠后，肝MDA和血清葡萄糖浓度显著降低。

5. 抗血栓形成

经研究发现药用蒲公英根的乙醇提取物对人血小板凝集的抑制效果。提取物以剂量相关的方式抑制ADP诱导的血小板凝集。用0.04g/ml根的干浸膏处理富集血小板的人血浆（PRP），可达到85%的抑制率，但花生四烯酸和胶原诱导的血小板凝集不受影响。药蒲公英根乙醇提取物分为高相对分子质量（Mr＞10000）和低相对分子质量（Mr＜10000）两种混合物，以含原药材0.04g/ml的提取物处理PRP，含低相对分子质量的多聚糖部位对血小板凝集的抑制率为91%，而富含三萜类和类固醇的部位则显示80%的抑制率。

6. 抗菌、抗真菌、抗病毒

大量研究表明，蒲公英具有广谱的抑菌作用，对革兰阳性菌、革兰阴性菌和真菌均有效果，且不产生耐药性。蒲公英对金黄色葡萄球菌、表皮葡萄球菌、溶血性链球菌、卡他球菌均有显著抑制作用。宋振明等发现蒲公英提取物对不同型凝固酶阴性葡萄球菌株的体外抗菌效果较好。研究人员还发现蒲公英煎剂对大肠埃希菌、铜绿假单胞菌、葡萄球菌、费弗痢疾杆菌、副伤寒杆菌、白色念珠菌均有一定的抑制作用。蒲公英浸出液对金黄色葡萄球菌、变形杆菌、甲型链球菌、乙型链球菌均有明显的抑制作用。

此外，蒲公英煎剂或水提物能延缓疱疹病毒引起的病变。近年实验证实，蒲公英和磺胺增效剂甲氧苄氨嘧啶（TMP）有增强抗菌作用，最佳比例为蒲公英2.5g：TMP 10mg。50%蒲公英煎剂加入培养基，使终浓度为10%，用平板法实验，结果对大肠埃希菌、铜绿假单胞菌、葡萄球菌、费弗痢疾杆菌、副伤寒杆菌甲、白色念珠菌等均有一定抑制作用。用K-B纸片扩散法显示100%蒲公英浸出液滤纸片对金黄色葡萄球菌、变形杆菌、甲型链球菌、乙型链球菌均有明显抑菌作用，蒲公英在体外抑菌作用明显。蒲公英提取物1/100、1/200、1/400浓度，试管法试验对人型结核杆菌（H37RV）有抑菌作用。蒲公英水浸剂（1：4）在试管内对堇色毛癣菌、同心性毛癣菌、许兰毛癣菌、奥杜盎小芽孢癣菌、铁锈色小芽孢癣菌、羊毛状小芽孢癣菌、石膏样小芽孢癣菌、腹股沟表皮癣菌、星形奴卡菌等均有抑制作用。蒲公英煎剂或水提物，能延缓ECHO 11及疱疹病毒引起的病变，但对流感京科68-1株、副流感仙台株、腺病毒3型及鼻病毒17型等呼吸道病毒均无抑制作用。总之，蒲公英具有广谱抑菌作用，对革兰阳性菌、革兰阴性菌、真菌、螺旋体和病毒均有不同程度的抑制作用。

7. 抗胃损伤作用

蒲公英粉末对胃溃疡患者有治疗作用，它可使幽门弯曲菌转阴、溃疡面愈合、疼痛停止。蒲公英煎剂20g/kg ig，对大鼠应激法、幽门结扎法胃溃疡病模型和无水乙醇所致胃黏膜损伤模型均有不同程度的保护作用。蒲公英粉末20g，开水浸泡30min代茶饮，一月一疗程，对胃溃疡患者有治疗作用，使幽门弯曲

菌转阴、溃疡面愈合、疼痛停止。蒲公英醇沉水煎剂3.10g/kg ip，对清醒大鼠胃酸分泌有抑制作用，在麻醉大鼠用pH 4盐酸生理盐水做胃灌流实验，显示蒲公英有明显抑制组胺、五肽胃泌素及卡巴胆碱诱导的胃酸分泌作用。

8. 利胆保肝作用

蒲公英注射液或蒲公英乙醇提取物经十二指肠给药，对急性肝损伤有保护作用，蒲公英可拮抗内毒素所致的肝细胞溶酶体和线粒体的损伤，解除抗生素作用后所释放的内毒素导致的毒性作用，故可保肝。

9. 对免疫系统作用

蒲公英煎液可通过改善机体的免疫抑制状态，增强和调节免疫功能的作用。实验研究还显示蒲公英多糖能显著提高免疫器官指数进而促进免疫器官发育，有利于增强机体免疫。蒲公英煎液具有促进地塞米松诱导免疫功能低下小鼠的IL-2、IFN-y、IL-4的分泌，即通过改善机体的免疫抑制状态，增强和调节免疫功能的作用。实验研究还显示蒲公英多糖能显著提高小鼠免疫器官指数，促进免疫器官发育，有利于增强机体免疫。

10. 其他作用

蒲公英根水提液可诱导白血病细胞株细胞凋亡。蒲公英通过选择性阻断肠平滑肌 M 受体介导，显著降低小鼠胃黏膜损伤指数，促进肠胃蠕动，保护肠胃功能。蒲公英可提高小鼠巨噬细胞吞噬系统的抗疲劳能力，改善小鼠的免疫功能，增强抗感染能力。

有实验研究表明蒲公英能够提高创伤性大鼠脑组织SOD活性，能够有效减少自由基对脑组织的损伤，是一种较强的自由基清除剂。蒲公英提取物总黄酮具有类SOD的作用，这些物质能有效清除超氧阴离子自由基、阴羟自由基，抑制不饱和脂肪酸的氧化，对于延缓机体衰老具有重要意义。蒲公英具有抗疲劳作用，其水煎液可提高小鼠肝糖原与肌糖原的贮备能力，从而提高机体对疲劳的耐受程度。蒲公英对CCl_4诱导的大鼠肝细胞损伤具有保护作用，能减轻大鼠肝细胞病理变化，增加琥珀酸脱氢酶活性和糖原含量，降低酸性磷酸酶活性。

第三节　蒲公英的应用

蒲公英在我国分布广泛，种类繁多，资源丰富。其产量大，价格低廉，有效成分含量高，蒲公英不仅具有药用价值，而且是一种营养价值很高的野生蔬菜，是开发绿色天然植物营养保健品的宝贵资源，具有广泛的应用价值。

一、附方

蒲公英作为传统中药，在我国历史上起到了重要的作用，许多文献都有相关药方记载。

1. 治乳痈

蒲公英（洗净细锉），忍冬藤同煎浓汤，入少酒佐之，服罢，随手欲睡，是其功也。（《本草衍义补遗》）

2. 治急性乳腺炎

蒲公英二两，香附一两。每日一剂，煎服二次。（《中草药新医疗法资料选编》）

3. 治产后不自乳儿，蓄积乳汁，结作痈

蒲公英捣敷肿上，日三、四度易之。（《梅师集验方》）

4. 治瘰疬结核，痰核绕项而生

蒲公英三钱，香附一钱，羊蹄根一钱五分，山慈菇一钱，大蓟独根二钱，虎掌草二钱，小一支箭二钱，小九古牛一钱。水煎，点水酒服。（《滇南本草》）

5. 治疳疮疔毒

蒲公英捣烂覆之，别更捣汁，和酒煎服，取汗。（《纲目》）

6. 治急性结膜炎

蒲公英、金银花。将两药分别水煎，制成两种滴眼水。每日滴眼三至四次，每次二至三滴。（《全展选编·五官》）

7. 治急性化脓性感染

蒲公英、乳香、汉药、甘草，煎服。(《中医杂志》)

8. 治多年恶疮及蛇螫肿毒

蒲公英捣烂，贴。(《救急方》)

9. 治肝炎

蒲公英干根六钱，茵陈蒿四钱，柴胡、生山栀、郁金、茯苓各三钱，煎服。或用干根、天名精各一两，煎服。(《南京地区常用中草药》)

10. 治胆囊炎

蒲公英一两，煎服。(《南京地区常用中草药》)

11. 治慢性胃炎、胃溃疡

蒲公英干根、地榆根各等分，研末，每服二钱，一日三次，生姜汤送服。(《南京地区常用中草药》)

12. 治胃弱、消化不良、慢性胃炎、胃胀痛

蒲公英一两（研细粉），橘皮六钱（研细粉），砂仁三钱（研细粉）。混合共研，每服二至三分，一日数回，食后开水送服。(《现代实用中药》)

13. 用于烧伤合并感染

以鲜蒲公英捣烂，加入少许75%乙醇调敷患处。(《中西医结合杂志》)

14. 治疗胃痛

蒲公英20～30g，丹参25～30g，白芍15～30g，甘草10～30g，日1剂水煎服，1个月为1疗程。（《上海中医药杂志》）

15. 治疗急性胆道感染

蒲公英30g，柴胡10g，郁金12g，川楝6g，刺针草30g，水煎服。（《新编常用中草药手册》）

16. 治疗腮腺炎

以鲜蒲公英30g捣碎，加入1个鸡蛋清，搅匀，加冰糖适量，捣成糊状，外敷患处。日换药1次。（《中药现代临床应用手册》）

17. 治急性热病、上呼吸道感染、扁桃体炎等

蒲公英、大青叶、板蓝根、金银花各12g，水煎服。

18. 治乳腺炎、阑尾炎、疮疖疔肿

蒲公英、金银花、连翘各15g，山甲、当归、赤芍各10g，水煎服，或单用其鲜品捣烂局部外敷。

19. 治目赤红肿

蒲公英30g，黄芩10g，水煎，熏洗患眼。

20. 治尿路感染

蒲公英30g，萆薢、生蒲黄、木通、车前子各10g，水煎服。

二、民族用药

1. 藏药

哇库尔那保：全草治培根木保病，瘟病时疫，血病，赤巴病（《中国藏药》）。

克什芒：全草治溃疡，高烧，肠胃炎，胆囊炎（《青藏药鉴》）。

2. 蒙药

巴嘎巴盖–其其格：治乳痈，瘟疫，淋巴结炎，黄疸，口苦，口渴，发烧，胃热，不思饮食，"宝日"病，食物中毒，陈热（《蒙植药志》）。

3. 苗药

Reib wud mangb弯务骂，Vob eb wel窝欧吾，Uab berx ferx蛙本反：全草治乳腺炎，治疥疮（《苗医药》）。

Vob heeb wek fieex窝灰窝非：全草主治乳腺炎，疥疮（《苗药集》）。

4. 彝药

全草治食积不化，腹胀胸满，肺肠痈疡，肝胆湿热，疔疮肿毒，热淋涩痛，久婚不孕（《哀牢》）。

5. 傈僳药

阿纳拉切白：根治急性乳腺炎，淋巴腺炎，疖毒疮肿，急性扁桃腺炎，急

性气管炎，肾炎，胆囊炎，尿路感染，各种结核（《滇药录》）。

阿拿拉茄百：全株治上呼吸道感染，急性扁桃腺炎，流行性腮腺炎，急性乳腺炎，急性阑尾炎，尿路感染，肝炎，目赤肿痛，乳汁不通；外用于疮痈，毒蛇咬伤（《滇省志》）。

6. 傣药

梗因（德傣）：根治小儿黄瘦，老人体弱（《滇药录》）。

蒲公英（德傣）：根治黄水疮（《德傣药》）。

7. 土家药

肥猪草：全草治火眼，奶痈，肺火，疮疖肿毒（《土家药》）。

三、在临床方面的应用

2015年版《中国药典》记载中药蒲公英是蒲公英*T. mongolicum* Hand.-Mazz.、碱地蒲公英*T. borealisinense* Kitam.或同属数种植物的干燥全草。蒲公英性味苦、甘，寒。归肝、胃经。功能有清热解毒，消肿散结，利尿通淋。用于疔疮肿毒，乳痈，瘰疬，目赤，咽痛，肺痈，肠痈，湿热黄疸，热淋涩痛。

蒲公英是清热解毒的传统药物，被称为中药中的"八大金刚"之一。近年来通过进一步的研究证明它有良好的抗感染作用。现已制成注射剂、片剂、糖浆等不同剂型，广泛用于临床各科，此外尚有酒剂、膏剂、点眼剂、糊剂等。

（一）剂型与用法

1. 注射

目前临床用于抗感染的多以注射剂为主。肌肉注射每次可用2ml（相当于总生药10g），每日2～3次，也有用至每日总量相当于生药40～160g的；静脉滴注每次用含生药25～100g的注射液加入5%～10%葡萄糖液250～500ml中滴入。亦可根据病情需要作穴位注射或胸腔注射。

2. 口服

除煎剂（大多配成复方使用）、片剂、糖浆外，尚有用于治疗乳腺炎的酒浸剂（蒲公英40g加50°白酒500ml浸7日，过滤。日服3次，每次20～90ml）等。

3. 外用

蒲公英根茎研末，加凡士林调成膏剂，或用鲜草全株捣成糊剂敷于患处，治疗急性乳腺炎、颌下腺及颌下软组织炎、颈背蜂窝组织炎等急性软组织炎症；用鲜蒲公英捣取汁滴耳治疗中耳炎，涂于创面治疗烫伤等；制成1%点眼液点眼，或配合菊花煎水熏洗患眼，治疗急性结膜炎、睑缘炎等；用蒲公英20～90g捣碎，加入一个鸡蛋的蛋清，搅匀，再加白糖适量，共捣成糊状，敷于患部，治疗流行性腮腺炎等。

（二）临床应用

1. 上呼吸道感染

蒲公英胶囊治疗孕妇急性上呼吸道感染有效率为93.59%，且无明显不良反应。复方蒲公英注射液肌肉注射，1次4ml，每日2次，3～7日，临床治疗60例，有效率为90%。

2. 急性黄疸型肝炎

蒲公英50%水煎剂，可有效降低转氨酶。

3. 慢性胃炎

蒲公英40g，加水300ml煎至150ml，加白芨粉30g调成糊，早晚空腹服用，治疗胃溃疡、浅表性胃炎效果好。

4. 急性乳腺炎

将鲜蒲公英捣烂，连汁敷于乳腺红肿处，厚度为2～3mm，每日1次，具有良好疗效；蒲公英水煎服治疗急性乳腺炎也有很好的效果。

5. 慢性盆腔炎

蒲公英灌肠治疗慢性盆腔炎有效率为98%。

6. 急性胆囊炎

取鲜蒲公英根20g，冰片0.2g，捣烂敷于患处，每日2次，效果显著。

7. 小儿热性便秘

蒲公英60～90g，顿服，治愈率为100%。

8. 睑腺炎（麦粒肿）

蒲公英60g，野菊花15g，水煎，头煎内服，二煎熏洗患眼，每天数次，效果明显。

9. 皮肤疾病

民间用蒲公英汤治疗皮肤损伤和感染，或鲜蒲公英捣烂，加薄荷或冰片调匀敷患处治疗蜂窝组织炎，均具有好的疗效。

10. 回乳

蒲公英60g，神曲30g，水煎服，连用3剂，药渣趁热外敷，效果明显。

11. 炎性外痔

蒲公英入复方中药坐浴治疗炎性外痔，效果明显。

此外，蒲公英还常常与其他中药配伍治疗各种肿瘤、肝胆疾病以及各种感染性疾病。

四、在保健方面的应用

蒲公英营养丰富，富含蛋白质、碳水化合物、多种矿物质以及微量元素、维生素，同时具有抗病毒、抗感染、抗肿瘤作用，是一种重要的绿色食品。近年来，随着科技的发展，蒲公英广泛应用于饮料、食品、保鲜蔬菜等领域。蒲公英的嫩叶嫩苗可生食，可煮食，可炒食，可凉拌，还可煮蒲公英粳米（糯米）粥等。作为绿叶菜，可采摘其幼苗包装出售，是极好的纯天然绿色食品；而蒲公英加工制成的系列产品也风味独特，如天然蒲公英饮料、复合保健饮料、蒲公英酱、蒲公英酒、蒲公英咖啡、蒲公英糖果、蒲公英花粉、蒲公英根粉；以及用于饮料、罐头、糕点、糖果和化妆品的蒲公英黄素。蒲公英的开发与利用，也为农民找到一条致富途径，又为国家创收了外汇，其发展前景十分广阔。

1. 蒲公英食品

按照饶璐璐主编《名特优新蔬菜129种》中介绍："大约在19世纪中叶，法国从野生蒲公英中驯化，筛选出改良蒲公英品种并成为当时法国巴黎中心市场的一种重要商品。目前欧洲市场有三种类型：苔藓形叶蒲公英、厚叶蒲公英、阔叶蒲公英。"又据宋元林等主编《特种蔬菜栽培野菜家种》载："近年来，日本、法国、美国和中国已陆续兴起'蒲公英热'，登上相当级别宾馆的餐桌上，列为席间上品……目前蒲公英已在我国的辽宁、吉林、黑龙江、河北、浙江、内蒙古等省区进行栽培，寒冬腊月仍可供应市场，已成为国内外待开发的特种蔬菜。由于其资源丰富、分布广泛，生长旺盛，繁殖快速，营养全面，药用多效，是得天独厚的'绿色食品'和'营养保健品'受到国内外人士的青睐。"

德国将其作为一天然绿色食品来开发，还用其制作沙拉。日本也掀起蒲公英热，已制成饮料、酱汤、酒类等产品，其前景极为乐观。

2. 蒲公英饮料

蒲公英中含有绿原酸，而绿原酸具有广泛的降血脂、抗菌、抗炎、抗病毒等方面的药理作用，具有广泛的开发前景和应用前景。赵坚华等以蒲公英干粉为原料，通过提取、调配、过滤杀菌、罐装制成蒲公英保健饮料，既有解渴作用，又有保健功能，是一种绿色复合饮料。这为蒲公英饮料市场开发提供了一定的依据。此外，将蒲公英粗碎，加水提取，成蒲公英汁，加入白砂糖、柠檬酸等配料，搅匀，过滤，灭菌即可。此外，山楂、绿豆、菠萝、刺梨等水果与蒲公英调配成的复合饮料也已经投入了研发。

3. 蒲公英冰淇淋

蒲公英冰淇淋主要以乳制品、乳化稳定剂为原料，添加甜味剂、浓缩蒲公英汁，经混合冻结形成一种淡黄色的冷冻食品。林争鸣以蒲公英为原料制得的冰淇淋，不但口感良好，而且具有清香、丰富的营养和保健功效。

4. 蒲公英牛奶

中国儿童对牛奶的消化吸收能力较弱，蒲公英牛奶能增强儿童消化吸收功能，提高儿童免疫力，对儿童肥胖病和性早熟有一定预防作用。将一定量的蒲公英汁加入鲜牛奶中混匀，杀菌，接入乳酸菌种，发酵即可。

5. 蒲公英酒

蒲公英可以通过发酵制备成蒲公英啤酒,也可以通过调配制得蒲公英白酒。此外,还可以将干燥的蒲公英根片放入普通的葡萄酒中,浸泡3日后即可饮用。蒲公英酒有清热去火、利排泄的功能。将蒲公英干品和啤酒花加入煮沸的大麦芽、焦玉米滤液中,再次煮沸后调整麦汁浓度,加啤酒酵母发酵,精滤,灌装,灭菌即得蒲公英啤酒;其具有消热解暑效果。将一定量的蒲公英汁、柠檬酸加入白酒中陈酿后,得到的蒲公英白酒清香醇和,口感微甘略苦。

6. 蒲公英干态蜜饯

将蒲公英的肉质根经过糖制工艺,加工成干态蜜饯,其营养成分变化不大,却提高了风味,达到了营养和医疗保健的目的。它风味独特,适合多数人口味,具有一定的市场潜力。

工艺流程:选别分级→去皮和切分→硬化保湿保脆→硫处理→预煮→煮制→烘干→整理和包装。

7. 蒲公英茶

(1)蒲公英根茶 工艺流程:选料→洗净→烘干→整理→包装→封口→上市。

(2)蒲公英花茶 工艺流程:选料→洗净→烫漂→烘干→包装。

以上两种饮品在饮用时,用开水在杯子中冲泡即可。

8. 蒲公英的提取物

可用于糕点、糖果等制成有防病保健作用的食品，如蒲公英黄素是一种天然食用色素，经精制后现已广泛用于饮料、罐头、糕点、糖果以及化妆品的调色，并具有一定的保健作用。

五、在化妆品方面的应用

经现代科技研究，在蒲公英中提取的活性因子对人们的头发和皮肤营养价值很高，试验证明蒲公英化妆品具有较高的增白、祛斑、防晒、去屑、止痒、光泽皮肤和头发的功效。现含蒲公英的"蒲公英焗油洗发露""蒲公英增白霜""蒲公英倍护洗发露""蒲公英润白防晒美丽素""蒲公英原汁沐浴露""蒲公英去屑洗发露"等化妆品已在我国问世。蒲公英化妆品的研制成功使得民族日化产业有了极为广阔的发展前景。蒲公英提取液还可以加入牙膏中制成抗菌牙膏。蒲公英提取液也可加入肥皂中制成抗菌香皂。

六、在畜牧业上的应用

随着当代畜牧业的迅猛发展，饲料添加剂的使用日渐广泛。合理地使用添加剂可达到促进畜禽生长，改善畜禽产品质量，节省饲料及预防疾病的目的。抗生素曾作为重要的饲料添加剂，但由于近年来抗生素的不合理使用所带来的耐药菌株、药物残留等问题严重危害着人类健康，人们将目光转向了中草药饲料添加剂。中草药作为饲料添加剂具有无耐药性、无抗药性、无药害残留的特点。而蒲公英已被《饲料药物添加剂允许使用品质目录》收录，是一种重要的中草药饲料添加剂。

（一）在猪饲料中的应用

蒲公英肉嫩多汁，对猪来说是一种优质饲料，既可以鲜喂也可以干喂。蒲公英粉内含粗蛋白质在16%左右，在猪饲料中添加2%～6%的蒲公英干粉，可防暑、清热、凉血、助消化、消肿解毒、健脾胃，日增重可以提高6%以上，且无任何毒副作用，既可以增进猪的食欲、促进生长，又可以预防呼吸道及消化道的各种疾病，尤其是对猪链球菌病的治疗效果极佳。实践证明，夏季给猪喂蒲公英，不仅降低成本，节省饲料，而且猪食欲旺盛，发病少，增长快。蒲公英煎水还可以治疗母猪产仔后乳汁不足，蒲公英散对母猪阴道炎也有较好的治疗效果。

（二）在鱼饲料中的应用

蒲公英中含多种醇类可以发出淡淡的香味，多数淡水鱼喜食。蒲公英中含有的叶黄素、叶绿醌、胡萝卜素等增色物质，可提高鱼虾肤色，而其中含有的绿原酸、生物碱等，能优化体内环境，抑制胃肠道有害病菌，促进生长。实验表明，在鲫鱼饲料中添加蒲公英可促进鲫鱼生长、提高消化酶活性、改善肉质、增强免疫力。有资料表明，把蒲公英添加到鱼饵料中，可有效治疗细菌性肠炎及鱼、虾细菌性烂鳃病。蒲公英作为水产饲料添加剂不仅可以减少鱼类的药物残留，而且还可以防止水污染。

（三）在鸡饲料中的应用

在鸡饲料中添加蒲公英粉可以提高蛋鸡生产性能，提高产蛋率，而且卵黄和蛋壳的色泽得到了改善，使蛋的商品价值提高。蒲公英的提取物蒲公英多糖应用于雏鸡可以促进免疫器官的生长发育、细胞免疫、非特异性免疫和刺激机体体液免疫，明显地增强机体免疫机能，使雏鸡对疾病的抵抗力增强。实验表明，使用蒲公英复方合剂可以提高肉鸡鸡肉中的谷氨酸和肌苷酸，使鸡肉的鲜味增加。在鸡饲料中添加含有蒲公英的中药配方具有取代替抗生素的效果，不仅保证了成活率，同时确保了肉质的安全。

（四）在牛饲料中的应用

奶牛的饲料质量不仅决定奶牛的健康也决定着牛奶的质量。冬季是奶牛的产奶最旺盛的时候，也恰逢奶牛饲料质量最差时期。冬季青绿饲料非常缺乏，抗坏血酸（VC）不足是奶牛冬季饲料的限制因素。这虽然可以通过青贮饲料得到部分解决，但终究不如青鲜饲料好。蒲公英鲜叶中每100g中含VC 50～70mg，VD 5～9mg。专家认为蒲公英VC含量比西红柿高50%，蛋白质含量是茄子的两倍，镁的含量几乎和菠菜相当，为山楂的3.5倍，钙的含量为石榴的2.2倍，刺梨的3.2倍，是优良的青鲜饲料也是珍稀蔬菜。在肉牛饲料中添加蒲公英粉，可以改善肉牛血清代谢产物，提高血清葡萄糖、球蛋白、总蛋白的含量，改善肉牛的免疫性，明显提高日增重量。奶牛养殖业中乳腺炎是最常见的疾病之一，不仅影响奶牛的产奶量和乳品质，而且在治疗过程中使用的抗生素，会在牛奶中形成药物残留，威胁着人类的健康安全。目前研制开发的复方蒲公英注射液，不仅对奶牛临床型乳腺炎有较好的疗效，而且对奶牛的隐形乳腺炎也有较好的预防和治疗效果。复方蒲公英注射液因具有安全、高效、无毒无害、无残留、无抗药性的特点而备受关注。

七、其他应用

《百花汇》《群芒谱诠释》等专著对蒲公英绿化、美化环境的作用，都有特别的介绍。蒲公英作为一个全新的园艺品种，进入栽培植物的园地之中，已成为园林植物中的一支新秀。蒲公英具有返青早、枯黄晚、春秋两季开花等特性。在新疆一般是3月底发芽，4月初展叶，随之开花，叶片嫩绿伏地而生，花色艳黄俏丽悦目，果序绒球轻盈可爱。所以，无论是孤生、群生还是伴生，都具有独特的观赏价值。用蒲公英做缀花草坪，在绿色如茵的草地中嵌上夺目的黄色花朵则犹如金钉钉地，更显出卓越的风姿。如果将蒲公英与紫花地丁混合种植，缀于草坪之中，花色形成黄与紫的鲜明对比，恰似一片如织如绣的锦花地毯，给园林增添无限风采。若将蒲公英植于园林铺路的砖石条缝中，则缝中生草，路面见绿更是别有韵味。

此外，由蒲公英、大叶桉、艾叶等制成的蒲公英合剂具有明显的空气杀菌效果，且安全无毒，可广泛应用于医院、宾馆、家庭等。

蒲公英作为一种重要的中药材，日渐受到人们的重视，临床上已被用于多种疾病的治疗。目前，各国已先后开发出蒲公英饮品、食品、保健品、化妆品等，今后在保健药物、化妆品开发上会有更广泛的应用前景。然而，蒲公英虽然已被开发成一些保健品、药品和化妆品等产品，但仍处于起步阶段，并且，对蒲公英的多种药理活性研究和对其有效成分及其作用机制的深入研究仍然十分必要，这为蒲公英资源的深度利用、蒲公英产品的进一步开发奠定了基础，也为发现和开发新天然药物提供了科学依据。

参考文献

[1] 吴杰，宁伟. 东北地区10种蒲公英叶片比较解剖学研究 [J]. 饲料研究，2015，(16)：4-11.

[2] 曹晖，毕培曦，邵鹏柱. 蒲公英及其混淆品土公英的显微鉴别 [J]. 中药材，2013，36 (11)：1765-1768.

[3] 孙帅. 蒲公英属植物兼性无融合胚胎学研究及雄性不育细胞学观察 [D]. 沈阳：沈阳农业大学，2016.

[4] 张建. 蒲公英属植物繁殖生物学研究 [D]. 沈阳：沈阳农业大学，2013.

[5] 吴志刚. 蒲公英遗传多样性与无融合生殖机理研究 [D]. 沈阳：沈阳农业大学，2013.

[6] 徐志恒. 施氮肥对蒲公英养分吸收及产量品质的影响 [D]. 乌鲁木齐：新疆农业大学，2016.

[7] 刘金娜，贾东升，马春英，等. 蒲公英黄酮及蛋白含量的动态变化规律研究 [J]. 食品研究与开发，2014，(3)：1-3.

[8] 宁伟，张建，吴志刚，等. 丹东蒲公英专性无融合生殖特性 [J]. 植物学报，2014，49 (4)：417-423.

[9] 李春龙. 蒲公英常见病虫害防治及其采收加工 [J]. 四川农业科技，2012，(10)：48-49.

[10] 姜涛，李艳成. 蒲公英机械采收垄作栽培技术 [J]. 特种经济动植物，2016，(12)：42-43.

[11] 李诗语，沈明浩. 不同采收期蒲公英中功效成分的含量变化 [J]. 吉林农业大学学报，2013，35 (4)：438-441.

[12] 赵敏，梁伟玲，陈翠果，等. 蒲公英的价值及林下高产栽培技术 [J]. 现代农业科技，2016，(10)：72.

[13] 孙国光，倪竞德，朱瑞，等. 杨树中幼龄林间种蒲公英栽培技术及效益初报 [J]. 江苏林业科技，2012，39 (6)：39-40.

[14] 国家药典委员会. 中华人民共和国药典（2015年版）[M]. 北京：中国医药科技出版社，2015.

[15] 林文艳. 蒲公英化学成分研究及板蓝根HPLC指纹图谱研究 [D]. 杭州：浙江大学，2005.

[16] 李雪石，张彦文. 蒲公英水提取物对链脲佐菌素致糖尿病大鼠的降血糖作用及其机制 [J]. 中草药，2013，44 (7)：863-868.

[17] 蒋喜巧，苗明三. 蒲公英现代研究特点及分析 [J]. 中医学报，2015，(7)：1024-1026.

[18] 高雅，孙满吉，孙东峰，等. 蒲公英对放牧肉牛血清代谢产物及增重的影响 [J]. 中国饲料，2013 (16)：20-22.